식물의
죽살이

식물을 이해하고 싶다면
꼭 읽어야 할 식물생리학

식물의 죽살이

개정증보판 1쇄 발행일 2022년 3월 14일
초판2쇄 발행일 2019년 7월 15일
초판1쇄 발행일 2019년 4월 15일

지은이 이유
펴낸이 이원중

펴낸곳 지성사 출판등록일 1993년 12월 9일 등록번호 제10-916호
주소 (03458) 서울시 은평구 진흥로 68, 2층
전화 (02) 335-5494 팩스 (02) 335-5496
홈페이지 www.jisungsa.co.kr 이메일 jisungsa@hanmail.net

ISBN 978-89-7889-492-0 (03480)

식물을 이해하고 싶다면
꼭 읽어야 할 식물생리학

개정
증보판

죽고 사는 이야기

식물의
죽살이

_이유 지음

지성사

들어가며

사람들은 종종 꽃이 많거나 숲이 우거진 곳을 찾아간다. 특히 벚꽃이 필 때나 단풍이 질 때면 길을 떠나 아름다운 꽃을 보며 행복해하고 빨간 단풍을 보며 탄성을 터뜨린다. 그러다가 문득, 물은 어떻게 나무 꼭대기까지 올라가는지, 줄기와 뿌리는 왜 반대로 굽어서 자라는지, 꽃은 왜 특정한 시기에만 피는지, 식물은 시간이 흐르는 것을 알고 있는지, 낙엽은 왜 생기는지 등에 대해 의문을 갖게 되곤 한다.

또 많은 사람들이 자신의 집 정원이나 아파트 테라스에 식물을 키운다. 집의 정원에서 식물을 키우는 것은 할 만한데, 아파트의 테라스에서 식물을 키우는 것은 마음처럼 쉽지 않다. 그래서 식물이 잘 자라지 않는 이유가 무엇인지, 싱싱하게 보이지 않는 이유가 무엇인지, 잎이 왜 지나치게 노랗게 되는지, 꽃을 왜 피우지 못하는지 그 이유를 생각해 볼 때가 가끔 있다.

이 같은 호기심과 의문점을 해결하기 위해서는 시간을 내어 식물의 생리와 발달에 대해 공부해야겠지만 700~800쪽이나 되는 전공서적을 찾아보기는 쉽지 않은 일이다. 전공서적을 이해하기 위해서는 화학과 물리를 기본적으로 알아야 하고 분자생물학적 지식도 필요하다. 특히 식물 분야를 공부하기가 어려운 이유는 알기 어려운 용어들이 많아서이다. 이해하기 쉬운 것을 찾자니 초등학교 수준이라 도움이 안 되고, 전공서적을 보자니 엄두가 나지 않을 수 있다. 이런 이유로 일반 사람들이 교양으로 알고 있으면 좋을 식물의 성장 원리를 되도록 쉽게 이해할 수 있도록 책을 쓰게 되었다.

　예전부터 식물에 대한 연구와 관심은 동물과 비교하면 뒷전에 있다. 식물은 뇌가 없으며 동물이 갖고 있는 감각기관도 없고 이동할 수 있는 능력도 없다. 이 때문에 거의 모든 생체 기능을 잃어버린 채 남에게 생명을 의지해야 하는 사람을 '식물인간'이라고 부른다. 그러나 식물인간은 살아 있는 식물과 엄연히 다르다. 식물은 고착생물이라 움직이지 못할 뿐 인간을 포함해 동물이 갖추지 못한 훌륭한 능력을 가지고 있다. 또한 움직이지 못하기 때문에 환경에 적응하기 위해 자극에 대한 반응 메커니즘이 정교하고 다양하다. 그러니 움직일 수 없고 의식이 없는 사람을 식물에 비유한다는 것은 식물을 모르고 하는 소리이다.

　동물을 보호해야 한다는 말은 많으면서도 생명체로서의 식물을 보호하자는 말은 현재 지구온난화에 대한 이슈 외에는 언급되지 않는다. 죽을 때 괴로운 모습을 보여서 인간의 동정을 받는 동물과 달리, 식물은 칼에 베여도 아무런 반응이 없고 피를 흘리지 않기 때문인지 동물만큼 동정을 받지도 못한다. 그러나 놀랍게도 식물이 뇌는 없지만 지능이 있다고 말하는 학자들이 있다.

　식물에 대한 연구는 동물 연구에 밀리고 있는 것이 현실이지만 과학에서의 대발견은 식물이 주역인 경우가 많았다. 유전법칙은 멘델이 완두를 이용해 밝혀냈고, 세포라는 개념은 코르크 조각의 절편에서 비롯되었다. 핵과 브라운 운동은 식물학자 로버트 브라운이 물속에서 춤추는 듯 보이는 꽃가루에서 발견했으며, 세포학에서 빠지지 않는 세포의 분열주기는 잠두의 뿌리 끝에 있는 DNA를 방사성 동위원소로 표지標識하여 복제 양상을 관찰함으로써 알려지게 되었다. 또 고사리를 이용한 세포고정법(세포조직이 관찰 중에 변하지 않도록 화학약품으로 처리하는 방법)으로 세포 안에도 골격이 있다는 것이 밝혀졌고, 전자현미경을 이용한 세포 내 소기관들의 발견은 식물에서 최초로 이루어졌다. 바버라 매클린톡은 옥수수 안에서 뛰어다니는 유전자를 발견하는 아주 중요한 성과를 거두었지만, 똑같은 것을 동물에서 찾아내고 나서야 비로소 노벨상을 단독으로 받을 수 있었다. RNA에 의한 유전자 발현 억제 현상, 기체 호르몬 에틸렌, 생체주기 또한 식물 분야에서 최초로 밝혀졌는데도 노벨상의 영광은 동물 분야의 과학자들에게 주어졌다. 오죽하면 노벨상을 받으려면 식물을 연구하지 말라는 이야기까지 나왔겠는가.

식물학 전공자로서 개인적인 관심으로 큰아이의 생명과학 I과 II 교과서를 본 적이 있다. 식물에 관한 내용은 완두콩 실험을 한 멘델의 법칙, 생태학에서 배우는 식물의 군집과 천이, 광합성, 식물의 분류 정도가 전부였다. 생명과학 I과 II를 합쳐서 계산하면 전체의 9퍼센트에 지나지 않았다. 게다가 식물에서 알아야 하는 생리 부분조차 생략되어 있었다. 물론 배우는 양이 중요하지 않을 수 있다. 그러나 명색이 생명과학 교과서인데 식물 부분을 너무 미미하게 다룬다는 생각이 들었다.

　식물에 관한 모든 지식이 곧바로 쓰임새가 있기 때문에 배워야 한다는 이야기가 아니다. 식물을 통해 배울 수 있는 자연의 섭리를 알면 살아가는 데 도움을 받을 수 있고 세상을 더 깊이 이해할 수 있다. 식물이 쓰는 생리적인 작용을 모방해 인간에게 유용하게 쓸 수도 있다. 대학 강단에서 강의를 하다 보면 학생 전부가 생명과학 I과 II를 배우고 오는 것이 아니고 아예 접하지 못했던 학생들도 있어서 전공과목을 이해하는 데 힘들어하는 모습을 보게 된다. 조금이라도 접했으면 개념을 정립하는 데 시간이 덜 걸릴 것이다. 놀라운 점은 콩나물이 원래 노란색인 줄 아는 학생들이 많다는 사실이다. 이는 식물의 가장 기본적인 것을 배우지 못하고 있다는 말과 다름없다.

　어느 물리학자는 그 이해하기 어렵다는 양자역학을 교양이라고 주장한다. 나는 식물학을 교양이라고까지 주장하지는 않겠지만 적어도 동물 생리만큼은 이해해야 한다고 생각한다. 이 책을 읽는 독자들이 다른 과학 분야만큼 식물과학에 조금 더 친근해졌으면 하는 바람이다. 끝으로 좀 더 많은 사람들이 읽을 수 있는 식물 생리와 관련된 책을 쓰도록 권해주신 생물학과 선배 김성호 교수님께 감사드리며, 무엇보다 '자연이 꿈인 지성사'의 이원중 대표님 이하 편집부 식구들에게 고마움을 전하고 싶다.

이 유

『식물의 죽살이』를 낸 지 벌써 3년이 다 되었다. 식물 생리와 발달을 중심으로 내용을 전개했는데, 책 제목에서 나타나는 '식물의 삶과 죽음'에 관련된 내용을 더 추가할 필요를 느꼈다. 예를 들어 식물이 불리한 환경에서 어떻게 살아남는지, 식물의 삶의 방식은 어떻게 다른지 하는 문제를 다루고 싶었다. 그래서 이 모든 것이 다 생존을 위한 적응이며, 식물이 어떻게 변화무쌍한 환경 또는 극한 환경을 극복해 내는지에 대한 이야기를 덧붙였다. 초판에서 스트레스에 관한 내용과 겹치는 부분이 있지만, 한 장(章)의 자리를 마련해 더 구체화하였다.

식물의 탄생이 있다면 죽음은 필연이다. 초판에서 다루지 않고 넘어간 식물의 노화 부분을 이번에 다루었다. 특히 식물의 삶에서 잘 죽는 것이 어떻게 죽는 것인지를 보여준다. 식물은 자원을 낭비하지 않고 죽을 때 후세를 위해서 그리고 식물체 전체를 위해서 나누어 주고 희생한다. 가뭄이 들면 수분 손실을 막기 위해 잎이 낙엽이 되는 것처럼 말이다.

초판의 내용과 그림에서 놓쳤던 부분과 보완해야 할 부분을 넣어서 이번에 새롭게 내놓았다. 식물의 삶을 좀 더 깊이 있게 알고 싶은 독자들께 많은 도움이 되었으면 한다. 개정증보판을 내도록 도와주신 이원중 대표님과 편집부 식구들께는 다시 감사의 뜻을 전한다. 이 책을 쓰는 데 옆에서 응원해 준 가족, 특히 개정증보판을 위해 그림을 그려준 수미에게도 고마움을 전하고 싶다.

이 유

차례

일러두기

1. 식물 용어는 우리말로 순화한 용어를 중심으로 표기하였고 이에 해당하는 한자어를 병기하였다.
2. 외래어는 국립국어원의 외래어 표기법에 따라 표기하였으며 필요에 따라
   식물생리학 교과서에 나오는 용어를 첨가하였다.
3. 학명은 이탤릭체로 표기하였다.

1장

식물세포
속으로

식물세포 속에는
무엇이 있을까

생명체는 모두 세포로 이루어져 있다. 세포는 생명 활동을 할 수 있는 최소의
단위이다. 식물세포는 원핵세포(핵이 없이 유전물질이 존재하는 세포)인 박테리아와
다르게 진핵세포(핵이 있는 세포)로서, 안에 핵과 세포소기관이 있다. 세포는 1665
년에 영국의 물리학자였던 로버트 훅Robert Hook이 처음 발견하였다. 그는 코르
크 조각을 현미경으로 관찰한 뒤 식물이 아주 작은 방(세포)들로 구성되어 있는
것을 확인하였다. 이 발견은 20세기에 유전물질이 DNA라는 것을 발견한 것만
큼 대단히 놀라운 사건이었다.

식물세포가 어떻게 생겼는지 알고 싶다면 먼저 물, 공기, 흙과 같이 아주 간
단한 물질에서 수천 가지의 생산물을 만드는 큰 공장을 상상해보라. 그 공장은

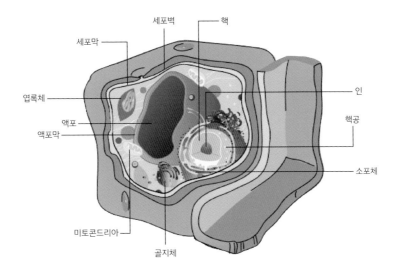

그림 1-1 식물세포의 구조

에너지원으로 전기나 기름 대신 햇빛을 이용하며, 일정한 공간에서 진행되는 작업을 상당히 자율적으로 제어할 수 있도록 설계되었고, 생산성 증가가 요구될 때마다 하루 또는 이틀 내에 전체 구조의 정확한 복사본을 쉽게 만든다. 이제 그 공장을 머리에서 가로, 세로, 높이가 각각 0.05밀리미터인 상자로 축소시켜보라. 그것이 식물세포이다[그림 1-1].

세포의 살아 있는 부분인 원형질은 유전과 세포 조절의 본부인 핵과 대부분의 대사가 일어나는 세포질로 구성되어 있다. 세포질은 세포막이라고 불리는 봉지 같은 구조 안에 있으며, 세포의 안과 밖을 구분한다[그림 1-2]. 세포막에는 이중으로 이루어진 인지질 층이 있는데, 막의 바깥쪽은 물과 접하는 친수성 부위이고 막의 안쪽은 물과의 친화력이 없는 소수성 부위로 되어 있다. 인지질 층은 유동성, 곧 액체처럼 흘러 움직이는 성질이 있어서 인지질 층의 안팎에 존재하는 단백질이 이동할 수 있다.

세포막의 구조는 유동 모자이크설fluid mosaic model로 설명한다. 이중 막 또한 유동성이 있어서 서로 다른 단백질은 막 속을 돌아다니면서 막의 안쪽과 바깥쪽에서 비대칭적으로 분포한다. 막에 있는 단백질은 기능에 따라 여러 종류가 있다. 어떤 단백질은 수용체로 작용하여 세포 밖의 신호를 알아채고, 어떤 단백질은 물질을 이동시킨다. 후자의 경우, 물질을 그냥 통과시키는 대롱 모양의 단백질channel protein이 있고 물질과 결합하면 단백질의 모양이 바뀌면서 물질을 이동시키는 단백질carrier protein이 있다. 세포막은 이런 단백질들 때문에 선택적 투과성이 있다고 말한다. 단백질이 없는 막은 전하를 띤 물질을 통과시키지 않고 전하가 없거나 물에 잘 녹지 않는 물질을 쉽게 통과시킨다.

세포막은 공항에 있는 세관으로 비유할 수 있다. 세관은 나라 안이나 밖으로 어떤 물건이 드나들게 할지를 결정한다. 종종 세포질과 원형질을 혼동해서 사용

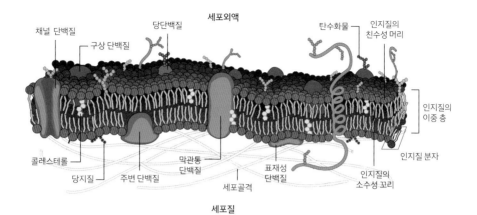

세포외액

채널 단백질
구상 단백질
당단백질
탄수화물
인지질의 친수성 머리
인지질의 이중 층

콜레스테롤
당지질
주변 단백질
막관통 단백질
세포골격
세포골격
표재성 단백질
인지질의 소수성 꼬리
인지질 분자

세포질

그림 1-2 세포막의 구조

하는 경우가 있는데, 핵과 세포벽을 제외한 부분을 원형질이라 부르고 세포막 안에 있는 전체를 세포질이라 부른다.

반 액체 상태 또는 젤리 상태인 세포질 안에는 특수한 기능을 가지고 있는 세포소기관cell organelle이라는 구조가 있다[그림 1-1 참고]. 대부분 막으로 되어 있는 세포소기관은 세균과 같은 원핵생물에는 없는 구조이고 동물, 식물, 곰팡이 같은 진핵생물에만 있다. 동물과 식물이 공통적으로 갖고 있는 세포소기관이 있어서 이 둘이 하나의 조상에서 나왔다는 것을 암시한다.

동물과 식물은 세포소기관으로서 리보솜ribosome, 핵, 소포체, 골지체Golgi apparatus, 미토콘드리아, 세포골격, 소포vesicle, 리소좀lysosome을 모두 공통적으로 갖고 있다. 그러나 식물은 동물에 없는 세포벽, 엽록체chloroplast를 포함한 색소체chromoplast, 액포vacuole, 원형질연락사plasmodesmata를 갖고 있으며 동물에 있는 중심체centriole는 갖고 있지 않다.

핵은 세포가 활동을 위한 모든 정보를 데옥시리보핵산DNA의 형태로 저장하는 도서관으로 비유할 수 있다. DNA는 A(아데닌), G(구아닌), T(티민), C(사이토신)의 4가지 염기를 갖고 있는데 A는 T와, G는 C와 결합(수소결합)하여 이중나선 형

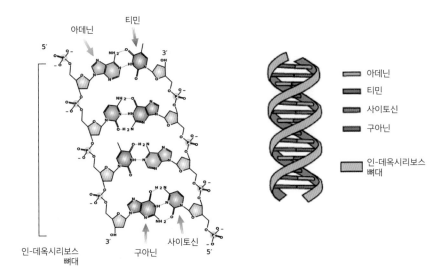

그림 1-3 DNA의 구조

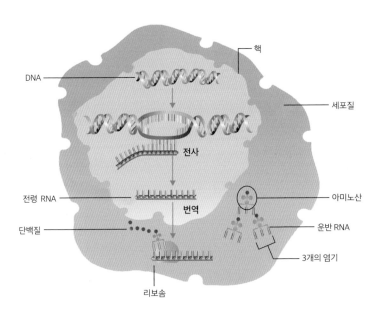

그림 1-4 유전자 발현 단계. DNA로부터 전사된 전령 RNA는 세포질에서 리보솜, 아미노산이 달린 운반 RNA와 만나 단백질이 된다. 전령 RNA에서 단백질이 되는 과정을 번역이라고 한다.

태를 만든다[그림 1-3]. DNA는 단백질과 복합체를 이루어 염색질이 되고, 세포분열을 하는 동안은 염색체 구조를 이룬다. DNA는 리보핵산RNA으로 전사(DNA에서 전령 RNA를 만드는 과정)되어 핵 밖으로 나오면 리보솜이라는 물질에서 단백질을 만든다[그림 1-4]. 중요한 것은 핵 속에 유전자가 있어서 단백질을 만들고 세포의 활동을 제어한다는 것이다. 물론 유전자는 DNA로 이루어져 있다.

세포 안에 있는 막성계, 곧 소포체, 골지체, 운송소포, 리소좀, 분비소포 등은 우편 시스템으로 비유할 수 있다[그림 1-5]. 소포체는 핵막과 연결되어 있는 세포소기관으로, 핵의 외막에서 시작해 구불구불한 세포질로 나오면서 일종의 그물 형태를 띤다. 소포체에는 두 가지 형태가 있다. 하나는 활면소포체로서 소포체 막에 리보솜이 없는 것이고, 다른 하나는 조면소포체로서 소포체 막에 리보솜이 있어 단백질 합성을 한다. 활면소포체는 세포막의 구성성분인 인지질을 만든다. 조면소포체에서 만들어진 단백질은 특정한 세포소기관이나 세포막에 자리 잡을 운명을 갖고 있어 운송소포 안에 실려 골지체로 간다.

골지체는 막으로 된 납작한 봉지 또는 팬케이크가 층층이 쌓여 있는 것 같은 형태와 골지체를 드나드는 소포들로 이루어져 있다. 소포체에서 만들어진 단백질은 소포를 통해 골지체 안으로 들어와서 변형되거나, 잘리거나, 화학적 라벨(예를 들어 인산기, 메틸기, 아세틸기, 또는 여러 종류의 당)을 붙이게 된다. 그런 다음 분류되어 소포를 통해 마지막 종착지로 이동한다.

식물세포 안에는 여러 가지 소포들이 존재한다. 운송소포는 특급우편으로 비유되는데 소포체, 골지체, 세포막 또는 다른 세포소기관 사이를 왔다 갔다 하면서 단백질을 이동시킨다. 리소좀은 세포 안에서의 폐기물 처리장과 같아서 여러 가지 소화효소를 통해 분자, 소기관, 세균을 분해한다. 분비소포는 세포막으로 이동하여 단백질이나 복합 당단백질을 세포 밖으로 내보내는 일을 한다.

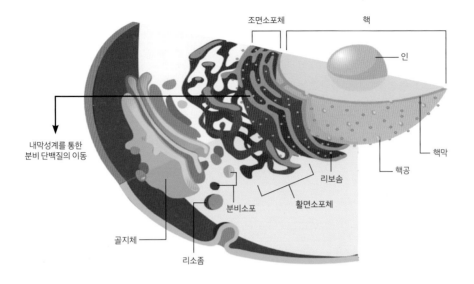

조면소포체   핵

인

내막성계를 통한
분비 단백질의 이동

핵막

핵공

리보솜

분비소포   활면소포체

골지체

리소좀

그림 1-5 내막성계

페르옥시솜peroxysome은 단일 막으로 된 작은 소기관으로 지방산을 분해하는 일을 한다. 식물에는 글리옥시솜glyoxysome이라는 특수한 페르옥시솜이 있어서 저장된 기름을 에너지로 바꿀 수 있도록 분해한다.

액포는 식물세포에서 대부분의 부피를 차지하는 구조물이다. 물, 남아도는 무기원소, 대사과정에서 나온 유해물질 등을 비롯해 산, 당분, 2차 대사물도 저장한다. 건강한 식물세포의 액포는 세포의 95퍼센트까지 차지할 수 있어서 다른 세포소기관을 세포막 쪽으로 몰 수 있다. 산소와 그 밖의 물질은 세포막을 통해서 들어오기 때문에 이런 현상은 세포에 오히려 유리하다. 액포는 여러 가지 물질을 저장하기 때문에 물을 흡수하고 보관할 수 있다. 식물의 기능을 이해하는 데 유용한 문구는 '물은 항상 물이 없는 곳으로 흐른다'는 것인데 액포가 물질을 많이 저장할수록 그만큼 물의 농도가 낮아지고, 이 불균형은 물을 흡수하게 만들어 세포 안에 팽압을 형성한다. 팽압이란 세포벽을 향해 가해지는 세포 내부의 물의 압력이다. 팽압이 만들어지면 물은 더 이상 들어오지 않게 된다.

우리 몸속에 뼈가 있듯이 세포 속에도 세포골격이 있다. 세포골격은 세포막 아래에 있어서 세포의 모양을 결정한다. 또한 세포 안에서 일종의 철로 역할을 하기 때문에 소포, 세포소기관, 단백질이 그 위로 이동한다.

엽록체는 식물에만 있는 세포소기관으로 빛에너지를 이용하여 광합성을 하는 장소이다. 초록색의 엽록소는 빛을 흡수하는 수용체로서 광합성에 반드시 있어야 하는 물질이다. 엽록소는 적색광과 원적외선을 흡수하고 녹색광을 통과시키기 때문에 우리 눈에는 잎이 초록색으로 보인다. 잎은 수만 개의 엽록소를 갖고 있다. 따라서 초록색이 아닌 식물의 부위에는 엽록체가 없는 것이다. 엽록체에 있는 유전자는 핵의 유전자처럼 돌연변이가 일어날 수 있는데, 새로 분열할 세포가 하얀 엽록체만을 갖고 있으면 그 세포는 흰색일 것이고 그 딸세포도 마찬가지일 것이다. 이런 이유로 우리는 초록색 바탕에 흰색 반점이 있는 잎을 볼 수 있다. 미토콘드리아는 세포호흡을 통해 음식으로부터 에너지를 빼내는 기능을 갖고 있어서 '에너지 공장'이라는 말을 많이 듣는다.

엽록체와 미토콘드리아는 흥미로운 특징을 갖고 있다. 핵에 있는 DNA와는 다른 자체 DNA를 갖고 있어서 분열을 할 수가 있다는 점이다. 어느 정도 자치능력을 갖고 있는 셈이다.

각 세포의 원형질은 단단한 세포벽으로 둘러싸여 있다. 세포벽 사이에는 펙틴으로 구성된 중간층이 있어서 세포들을 잡아준다. 이 펙틴은 상업적으로 추출되어 잼이나 과일 젤리를 만드는 데 쓰인다. 세포벽은 세포가 내부로부터 발생하는 압력을 견디게 하기 위한 것으로 세포벽이 없으면 세포는 터진다. 식물에 구조적인 지지작용을 하며, 세포벽의 두께가 두꺼울수록 더 단단해진다. 따라서 가볍고 구조가 섬세한 잎은 얇은 세포벽을 갖는 반면, 무거운 하중을 지탱하는 목본식물의 줄기는 아주 두꺼운 세포벽을 가지고 있다.

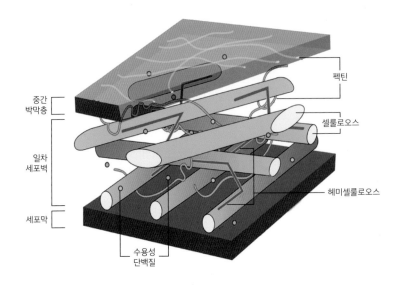

중간
박막층

펙틴

일차
세포벽

셀룰로오스

세포막

헤미셀룰로오스

수용성
단백질

그림 1-6 세포벽

세포벽이 처음 만들어질 때는 두께가 얇고 대부분 셀룰로오스cellulose로 구성되어 있다. 그러다가 세포가 오래되면 세포벽의 셀룰로오스를 단단하게 만드는 리그닌lignin이 더 붙게 된다.[1] 참나무나 물푸레나무와 같은 활엽수는 리그닌이 많은 세포벽을 갖고 있다. 이렇게 추가적으로 붙는 세포벽을 이차 벽이라고 부른다. 셀룰로오스는 미세섬유의 형태로 세포 위에 깔리고, 리그닌은 셀룰로오스 표면에 쌓이는 것이다. 새로운 세포벽은 이미 형성된 벽의 안쪽에 만들어진다. 세포벽이 두꺼워지면 세포 안의 내용물이 적어지고 세포질에 들어가는 물과 산소의 양이 줄어든다. 이 과정에서 세포가 자살하게 되는데, 설사 세포가 죽더라도 딱딱한 세포벽을 계속 지지하는 기능을 한다. 살아 있는 나무의 몸통과 그 안의 물관(도관)을 포함하여 98퍼센트는 죽은 세포로 이루어져 있다.

---

1) 이 과정은 이차 성장 때 일어난다.

2장

식물체는
무엇으로
이루어질까

식물세포는
어떤 기관을 만들까

우리가 심장, 콩팥, 허파, 위와 같은 기관을 갖고 있듯이 식물도 기관을 갖고 있다. 식물기관은 여러 유형의 조직이 모여 이루어진 것으로 특정한 기능을 한다. 식물은 크게 2종류의 기관으로 구성된다. 하나는 영양기관으로서 줄기, 뿌리, 잎이 여기에 속하고 다른 하나는 생식기관으로서 꽃, 방울, 열매가 있다[그림 2-1].

뿌리는 식물을 땅에 고정시키는 역할을 한다. 또한 땅속에 있는 물과 무기물을 흡수하여 식물의 다른 부분으로 옮겨준다. 대부분의 경우, 뿌리 주위에는 균류가 함께 살면서 뿌리가 무기물을 더 잘 흡수할 수 있게 한다. 콩과류의 뿌리는 질소를 고정하는 박테리아와 공생하여 질소를 포함하는 무기물을 얻는다.

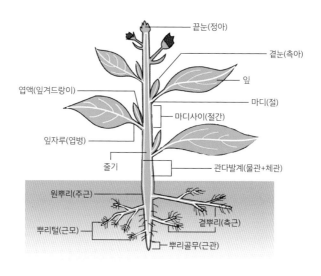

그림 2-1 식물(관다발식물)의 기관

그 외에도 뿌리는 양분을 저장하며 성장 물질(예: 시토키닌과 소량의 옥신)을 만든다. 뿌리는 식물의 내부 순환계의 시작이라고 볼 수 있고 동물의 순환계와 비슷하다. 그러나 식물은 심장 같은 순환기관이 없기 때문에 물질 수송이 수동적이며, 흙에서 시작하여 대기에서 끝나는 물의 기울기(구배, 勾配)에 의존한다.

뿌리는 줄기의 밑부분에서 방사상으로 퍼져 나가 토양을 차지하고 흙 속에 있는 수분과 양분을 추적한다. 일부 종들은 땅속줄기의 한 형태인 뿌리줄기를 만들어 뿌리와 얽혀 있다. 땅속줄기(근경, 根莖)는 뿌리의 역할을 하는 줄기로서 새 뿌리와 새 줄기가 나오는 시작점이 된다. 실제 이것으로 번식하는 갈조류나 미루나무(포플러), 대나무, 은방울꽃, 수련 같은 식물의 뿌리와 땅속줄기는 서로 다른 두 개체가 아니라 한 개체인 셈이다.

식물의 뿌리는 어느 정도로 멀리 퍼질 수 있을까? 흔히 우리는 땅 위로 난 잎들 중 가장 언저리 부분 곧 빗물이 떨어지는 맨 가장자리까지 뿌리가 땅속에서 퍼진다고 생각한다. 그러나 실제로 뿌리는 이보다 훨씬 더 넓게 퍼진다. 목본식물의 경우, 뿌리는 물이 떨어지는 곳 보다 2~3배 이상 넓게 퍼진다. 이렇게 멀리 뻗는 뿌리의 대부분은 수염뿌리로서 땅을 파도 잘 보이지 않는다. 단풍나무의 뿌리는 6미터 정도 퍼진다[그림 2-2].

뿌리의 성장은 기회주의적이다. 가는 뿌리는 땅속에서 수분과 양분을 만나면 흡수하고 계속 거기서 자란다. 반대로 막다른 곳에 다다르면 죽어서 더 굵은 뿌리가 되어 남는다. 뿌리가 자라는 모습을 저속촬영하면, 작은 뿌리가 모든 방향으로 확대되고 때로 장애물에 부딪힐 때 섬유상纖維狀의 작은 별 모양으로 변하는 것을 볼 수 있다. 이 같은 탐색 작업을 마친 뿌리는 두꺼워지고 단단해져서 통도조직뿐만 아니라 저장조직의 역할을 하게 된다.

식물의 뿌리는 또 얼마나 깊이 뻗어 내려갈까? 우리는 쌍떡잎식물이 땅속으

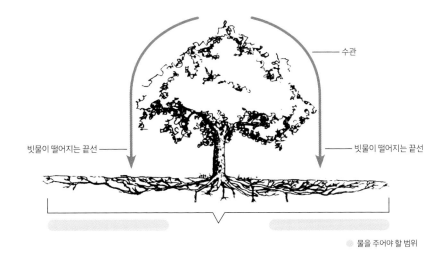

수관

빗물이 떨어지는 끝선

빗물이 떨어지는 끝선

물을 주어야 할 범위

그림 2-2 단풍나무 뿌리의 성장 범위. 뿌리는 수관의 범위보다 1.5~4배 더 넓게 퍼진다.

로 곧게 내리는 뿌리를 갖고 있다고 생각하기 때문에 식물이 아주 긴 원뿌리를 갖는다고 오해하고 있다. 그러나 원뿌리가 긴 것은 순간적이다. 어린 식물에서는 원뿌리가 지배적이지만, 대부분의 원뿌리는 시간이 지남에 따라 옆이나 밑으로 자라는 뿌리계에 통합된다. 나무나 관목의 경우, 뿌리는 30~60센티미터 이상 자라지 않는다.

그러면 뿌리는 왜 퍼지는 길이보다 짧게 밑으로 자라는 것일까? 뿌리는 잎과 달리 광합성으로 산소를 만들지 않기 때문에 땅속의 통풍 정도, 곧 흙의 구성과 성질에 따라 성장의 양상이 달라진다. 따라서 나무나 관목을 너무 깊이 심으면 안 된다. 나무가 잘 자라지 않거나, 해마다 잎이 작아지거나, 잎의 끝이 마르는 것은 나무를 지나치게 깊이 심은 결과이다.

줄기는 식물 지상부에서 지지 역할을 한다. 잎이 달려 있어 햇빛을 최대한 많이 받을 수 있게 해주며, 줄기의 끝에는 종종 꽃이 핀다. 줄기는 뿌리처럼 물과 무기물을 식물의 다른 부위로 옮겨준다. 목본식물의 줄기는 그림 2-3과 같다.

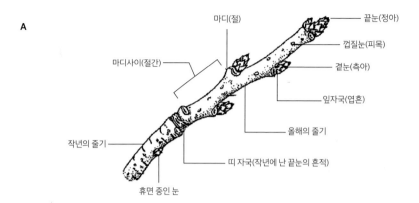

A

마디(절)

끝눈(정아)

껍질눈(피목)

마디사이(절간)

곁눈(측아)

잎자국(엽흔)

올해의 줄기

작년의 줄기

띠 자국(작년에 난 끝눈의 흔적)

휴면 중인 눈

B

껍질눈

잎자국

휴면 중인 눈

눈비늘(아린)을 밀면서
나오는 모양

작년에 난 끝눈의 흔적

그림 2-3 목본식물의 줄기 (A) 줄기의 구조 (B) 발생 단계(성장 단계)에 따른 줄기의 변화

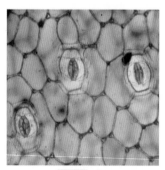

그림 2-4 기공

줄기의 겉을 보면 껍질눈(피목)이 있는데, 줄기는 이를 통해서 공기 순환을 할 수 있다.

잎은 광합성으로 먹을 것을 만드는 곳이다. 잎의 밑면에는 작은 구멍들이 나 있으며 이를 기공이라 부른다[그림 2-4]. 이곳을 통해 이산화탄소가 들어오고 산소와 물 분자가 나간다. 한편 줄기의 지상부에는 잎이 규칙적으로 배열되고 가지가 나 있는데, 이를 '슈트shoot 계'라고 한다.

눈에는 끝눈(정아)과 곁눈(측아)이 있으며 여기서 성장이 시작된다.

꽃은 식물의 생식기관이다[그림 2-5]. 꽃이 영양성장을 하는 슈트 정단頂端분열조직에서 생기고 나면 영양성장은 끝이 난다. 밤의 길이와 온도는 영양성장에서

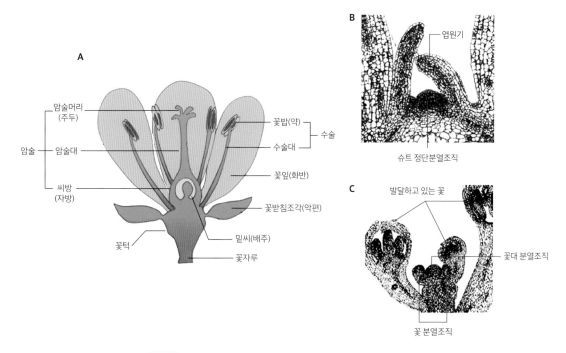

그림 2-5 (A) 꽃의 구조 (B) 영양성장을 할 때의 줄기 정단 단면(애기장대)
(C) 생식성장을 할 때의 줄기 정단 단면(애기장대)

생식성장으로 바뀌게 하는 요인이다. 난세포와 정세포는 식물의 발달 후반기에 체세포에서 만들어지며 이는 생식세포에서 만들어지는 동물과 다른 점이다.

꽃의 구조는 종마다 다르지만 일반적으로 4가지의 변형된 잎들이 동심원 모양으로 형성된다. 꽃잎은 색이 화려해 수분受粉을 도와주는 곤충을 유혹한다. 수술은 반수체(감수분열의 결과로 반수의 염색체를 지니고 있는 세포)인 꽃가루(화분)를 만드는데 각 꽃가루마다 2개의 정세포가 있다. 심피(암술을 구성하는 잎)에는 하나 이상의 씨방(자방)이 있고 씨방 각각에는 밑씨(배주)가 들어 있다. 배주 각각은 감수분열을 할 수 있는 세포와 배낭을 가지고 있다[그림 3-2 참고].

수술에서 꽃가루가 나와 암술머리에 붙으면 발아하여 꽃가루관을 내면서 2개의 정핵을 인도한다. 암술대를 통해 밑씨에 도착한 정핵 하나는 난세포와 수정하여 배(접합자)가 되고 다른 정핵은 2개의 극핵과 만나 배젖이 되는데 이를 중복수정이라고 한다(중복수정에 관한 것은 3장에서 다시 살펴볼 것이다).

식물은
어떤 조직을 만들까

식물의 작동 원리를 이해하기 위해서는 식물이 어떤 구조를 갖고 있는지 알 필요가 있다. 식물은 동물과 마찬가지로 세포가 모여 조직을 구성하고, 조직이 모여 조직계를 형성하며, 조직계가 모여 줄기, 뿌리, 잎과 같은 기관을 만든다.

분열조직: 성장을 위한 조직
활발히 분열하는 세포들을 갖고 있어서 새로운 식물조직을 만드는, 분화가 되지 않은 조직이다. 분열조직 세포는 죽지 않고 증식, 분화하면서 끊임없이 성장한다. 일부 분열한 세포들은 분열조직의 세포로 남고 나머지는 분화하여 조직이나 기관이 된다. 따라서 분열조직 세포는 바로 줄기세포stem cell의 성격을 지니고 있다. 이렇게 만들어진 세포는 전능성을 갖고 있어서 줄기세포처럼 어떠한 종류의 식물조직 세포로도 분화할 수 있다. 작은 상자처럼 생긴 분열조직 세포가 성장하면 특정한 기능을 수행하는 세포로 분화할 수 있다.

식물은 줄기 기관계와 뿌리 기관계를 갖고 있는데, 줄기 기관계는 지상부에서 잎, 꽃, 과일을 지지하는 역할을 하고, 뿌리 기관계는 지하에서 물과 무기물을 흡수한다. 각 기관계에는 정단분열조직이 있다.

분열조직은 정단분열조직, 곁눈(측아), 측생분열조직, 절간분열조직 등 크게 4가지로 분류한다.

• 정단분열조직apical meristem

정단분열조직은 식물의 정단(줄기 끝과 뿌리 끝)에 있어 길이 성장에 관여한다[그림 2-6]. 이 분열조직의 세포는 식물이 죽을 때까지 분열하기 때문에 무한성장을 한다고 말한다. 나무를 보면 죽을 때까지 큰다. 반면에 사람은 어느 시기까지 성장하면 멈춘다.

• 곁눈axillary bud

줄기가 자랄 때, 줄기와 잎자루(엽병) 사이에 조그마한 눈이 생긴다. 이를 곁눈이라고 부른다[그림 2-7]. 곁눈은 그 위치가 정단분열조직에서 어느 정도 멀어질 때까지는 휴면 상태에 있다. 곁눈이 정단분열조직에서 멀어지면 분열을 시작해 가지를 만든다. 가지는 줄기에 있는 마디에서 나오는 또 다른 슈트라고

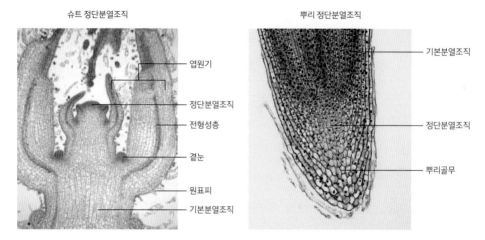

슈트 정단분열조직

엽원기

정단분열조직

전형성층

곁눈

원표피

기본분열조직

뿌리 정단분열조직

기본분열조직

정단분열조직

뿌리골무

그림 2-6 정단분열조직. 왼쪽은 콜레우스(Coleus) 줄기의 정단, 오른쪽은 양파 뿌리의 정단이다.

그림 2-7 곁눈

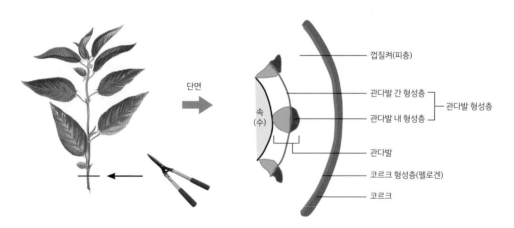

단면

속
(수)

껍질켜(피층)

관다발 간 형성층

관다발 내 형성층

관다발 형성층

관다발

코르크 형성층(펠로겐)

코르크

그림 2-8 측생분열조직. 형성층이 분열조직이다.

생각하면 된다. 정단분열조직 때문에 가지가 나지 않는 현상을 정단우성apical dominance 또는 끝눈우성이라 부르는데, 이는 식물의 생장 호르몬인 옥신을 이야 기할 때 다시 나올 것이다.

• 측생분열조직lateral meristem

측생분열조직은 실린더 모양의 분열조직으로서 줄기나 뿌리의 성숙한 부위에 있다. 이 분열조직은 이차 세포벽을 만드는 이차 성장에 관여하여 줄기와 뿌리를 굵게 자라게 한다. 측생분열조직에는 두 가지가 있다. 하나는 통도 형성층vascular cambium으로서 물관(도관) 조직을 만드는 역할을 하고 다른 하나는 코르크를 만드는 코르크 형성층cork cambium으로서 목본식물의 나무껍질을 만든다[그림 2-8].

• 절간분열조직intercalary meristem

절간분열조직은 초본식물의 마디사이(절간, 節間)에 있는 분열조직이다. 이 분열조직 때문에 초본식물의 키가 커지는 것이다. 절간분열조직이 없는 식물에서 정단분열조직을 잘라 없애면 거의 죽지만, 잔디의 경우 아무리 깎아도 자라는 것은 깎이는 위치가 절간분열조직보다 위쪽에 있기 때문이다[그림 2-9].

한편 분열조직은 다음과 같이 기본조직계, 표피조직계, 관다발조직계로 분화한다.

기본조직계: 식물의 몸을 만드는 조직

광합성을 하는 세포, 지지 역할을 하는 세포, 양분을 저장하는 세포, 상처를

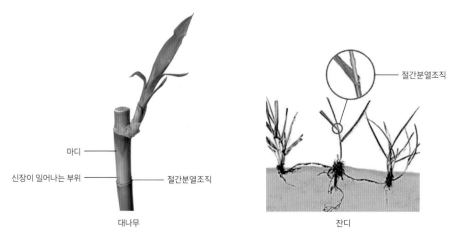

마디

신장이 일어나는 부위

절간분열조직

대나무

절간분열조직

잔디

그림 2-9 절간분열조직의 위치

아물게 하는 세포 등을 갖고 있는 조직계이다. 식물의 일차 성장의 대부분은 이 곳에서 이루어진다. 일차 성장이란 식물세포가 일차 세포벽을 형성하는 과정을 말한다.

기본조직계에는 3가지 유형의 조직이 있다.

• 유조직parenchyma

유조직세포는 여러 가지 기능을 할 수 있는 다목적 세포로 식물에서 가장 많은 부분을 차지한다. 잎에 있는 유조직세포는 광합성을 할 수 있고, 감자의 덩이줄기에 있는 유조직세포는 녹말을 저장한다. 분비세포의 원천은 유조직柔組織이다. 유조직은 다른 조직과 구별되는 특징이 있다. 세포벽은 얇은 일차 벽으로서 셀룰로오스가 많고 유연하다. 유조직세포는 늦게까지 살아서 분열, 발달을 할 수 있다. 엽록체가 풍부한 유조직을 엽록조직, 공기가 있는 공간이 많은 유조직을 통기조직이라 부르는데 이는 수생식물에 있다. 유조직의 예를 그림 2-10에 나타냈다.

줄기와 뿌리에 있는 분열조직 세포들은 성장에 필요한 새로운 세포를 만든

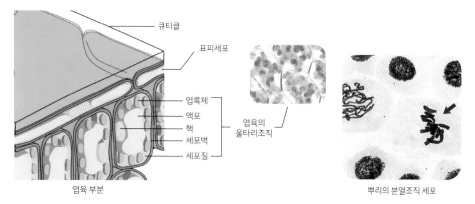

큐티클
표피세포
엽록체
액포
핵
세포벽
세포질
엽육의
울타리조직

엽육 부분

뿌리의 분열조직 세포

그림 2-10 유조직. 응축된 염색체들이 보인다(화살표).

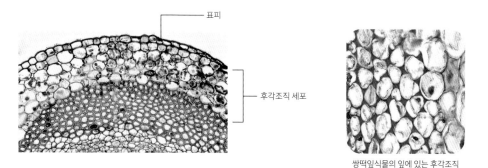

표피

후각조직 세포

쌍떡잎식물의 잎에 있는 후각조직

그림 2-11 후각조직

다. 광합성을 할 수 있는 엽육葉肉세포는 당을 만들고 저장한다. 과일과 야채는 저장을 위한 유조직을 가지고 있다. 유조직은 분열을 할 수 있기 때문에 상처의 치유와 재생에도 관여한다. 유조직의 특수한 형태인 운송세포는 관다발계의 세포에서 무기물이 빠르게 이동하도록 도와준다.

• **후각조직**chlorenchyma

후각조직은 두꺼운 세포벽을 갖고 있고 길쭉하다는 것 외에는 유조직과 비

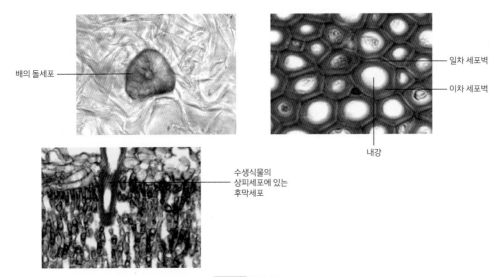

배의 돌세포

일차 세포벽

이차 세포벽

내강

수생식물의
상피세포에 있는
후막세포

그림 2-12 후막세포

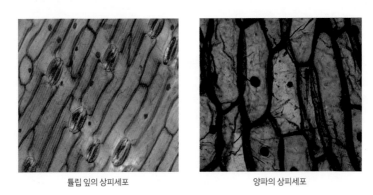

튤립 잎의 상피세포

양파의 상피세포

그림 2-13 상피세포

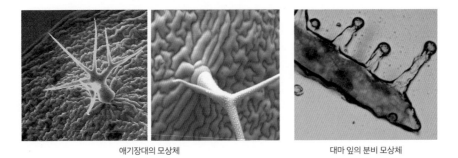

애기장대의 모상체

대마 잎의 분비 모상체

그림 2-14 모상체

숫하다. 두꺼운 세포벽은 유연성이 있어서 식물기관이 자라고 성숙하는 데 도움이 된다.

후각조직은 기본조직계를 지지하는 일을 한다. 셀러리의 줄기를 한번 씹어보라. 섬유 같고 질긴 무엇이 이 사이에 끼는데 이것이 후각조직이다. 후각조직은 유조직처럼 오래 살지만, 줄기의 표피 아래 존재한다[그림 2-11].

• 후막조직sclerenchyma

후막조직은 후막세포로 이루어져 있으며 후벽厚壁조직이라고도 한다. 세포를 서로 달라붙게 하는 리그닌이라는 물질이 있어서 굽히거나 늘리는 스트레스를 견디게 해준다. 배를 먹으면 혀로 느낄 수 있는 까칠한 알갱이들이 있는데 이것이 '돌세포stone cell'라고 부르는 후막조직이다. 후막조직은 복숭아나 자두의 씨에도 있다.

후막조직의 특징은 세포벽이 이차 벽 때문에 매우 딱딱하다. 식물의 여러 부위에 존재하며 완전히 성숙하면 죽는다. 후막조직에는 두 가지 유형이 있다. 하나는 후막세포로서 돌세포와 별세포astrosclereid가 여기에 속하고, 다른 하나는 섬유질이다[그림 2-12].

표피조직계: 식물 방어의 최전선

식물을 물리적으로 보호하고 조직의 탈수를 막는 조직계이다. 뿌리에서 물과 무기물의 흡수를 촉진하고 줄기와 잎에서 가스 교환을 조절한다. 또한 식물의 외부를 둘러싸면서 식물을 보호한다.

표피조직계는 3가지로 분류한다.

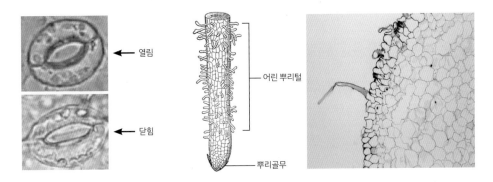

← 열림

← 닫힘

그림 2-15 기공의 공변세포

어린 뿌리털

뿌리골무

그림 2-16 백합 뿌리의 뿌리털

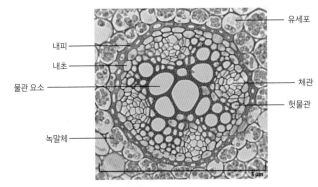

유세포

내피

내초

물관 요소

체관

헛물관

녹말체

3 μm

그림 2-17 미나리아재비 뿌리의 단면

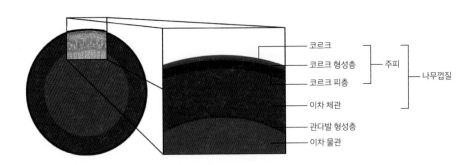

코르크

코르크 형성층

코르크 피층

주피

나무껍질

이차 체관

관다발 형성층

이차 물관

그림 2-18 나무의 이차 조직과 주피

• 표피조직epidermal tissue

세포층이 한 겹인 조직으로서 외부 환경과 식물 내부를 분리한다. 대부분 유조직으로 구성되어 있다. 표피조직은 3가지 기능을 갖고 있다. 우선 물의 손실을 막는 것인데 큐틴이라는 기름기 있는 물질을 분비하여 방수 역할을 한다[그림 2-13].

표피조직 세포가 변해서 된 것 중에는 모상체trichome라는 것이 있다. 모상체는 식물에 따라서 여러 가지 일을 한다. 어떤 모상체는 잎 위에서 공기의 흐름을 방해해 물이 기화되는 것을 막는다. 또 어떤 모상체는 꽃가루의 분포에 도움을 준다[그림 2-14].

기공의 공변세포도 표피조직 세포가 변해서 된 것이다. 기공은 대체로 잎의 밑면에 존재하며 이곳에서 가스 교환이 이루어진다[그림 2-15].

표피조직은 곰팡이나 박테리아를 막는 역할을 하고, 외부 환경과의 물질교환에도 관여한다. 식물의 표피에는 뿌리의 표피세포가 변해서 된 뿌리털이 있어 토양으로부터 물과 무기물을 흡수한다[그림 2-16].

• 내피조직endodermal tissue

뿌리, 일부 줄기나 잎의 피층과 물관 사이에 있는 조직이다. 내피는 식물이 수분의 균형을 이루는 데 있어서 매우 중요하다. 왜냐하면 뿌리에서의 물 흡수를 조절하고 식물에서 물의 손실을 막기 때문이다[그림 2-17].

• 주피조직periderm

목본식물의 가장 바깥에 있으며 나무껍질을 형성한다. 주로 코르크세포와 유조직세포로 이루어진 복잡한 조직이다[그림 2-18].

관다발조직계 물질의 수송 통로

물관과 체관으로 되어 있으며 물, 무기물, 당을 운송하고 식물을 지지하는 역할을 한다. 뿌리에는 하나의 관다발이 있지만 줄기에는 여러 개가 있다. 쌍떡잎식물의 관다발은 방사대칭으로 배열되어 있는 반면, 외떡잎식물의 관다발은 분산되어 있다.

• 물관xylem

물관은 뿌리에서 지상부로 물과 무기물을 수직으로 올려 보낸다. 물관에는 헛물관tracheid과 물관 요소vessel element가 있다. 헛물관은 가도관이라고도 하며, 양 끝이 뾰족하고 속이 비어 있다. 헛물관이 성숙하면 세포는 이차 벽을 남긴 채 죽는데 이는 세포예정사Programmed cell deaths의 한 예다. 양 끝이 이어지면 벽에 구멍이 생겨 헛물관 사이로 물이 지나간다.

물관 요소는 물관을 구성하는 개개의 세포로 양 끝이 열린 드럼통 모양을 하고 있다. 어떤 것은 양 끝이 완전히 열린 반면, 어떤 것은 세포벽 물질로 된 가는 줄로 살짝 덮인 것도 있다. 물관 요소의 세포들도 성숙하면 죽는다[그림 2-19].

• 체관phloem

체관은 일종의 순환 시스템으로 당糖을 식물의 모든 부위로 실어 나른다. 체관은 체관 요소와 반세포로 이루어져 있다. 체관 요소가 이어진 부분은 체관을 형성한다. 체관 요소는 살아 있는 세포이지만 핵이 없다. 반세포는 핵을 가진 살아 있는 세포로서 체관 요소 옆에서 조절 역할을 한다. 체관은 후막세포로 된 체관섬유와 유조직세포를 갖고 있다[그림 2-20].

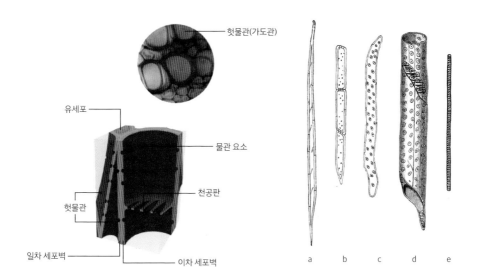

그림 2-19 물관 **a)** 섬유. 벽이 두껍고 끝이 뾰족하다. **b)** 나무의 유조직 연속. 한쪽 끝이 뾰족하다. **c)** 헛물관(가도관). 유연벽공이 있다. **d)** 큰 벽공이 있는 물관의 일부. 두 세포가 연결된 상태로 중간에 천공판이 보인다. 벽에도 벽공이 있고 헛물관과 연결된다. **e)** 나선형 물관

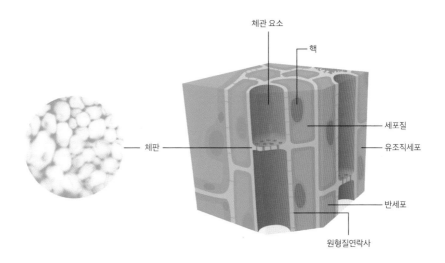

그림 2-20 체관

3장

수정에서
홀로서기까지

_속씨식물을
중심으로

식물의 생활사는 동물의 생활사보다 복잡하다. 동물에서는 감수분열로 반수체(n)인 생식세포가 만들어진다. 생식세포에는 정자와 난자가 있어 두 생식세포가 합쳐지면(수정하면) 이배체(2n)가 된다. 동물은 하나의 세대만을 갖고 있지만, 식물은 포자체 세대와 배우체 세대라는 두 세대를 갖고 있어서 이해하기가 쉽지 않다. 사람과 식물의 생활사를 비교해보자.

- 사람: 한 개인은 식물에서의 포자체(홀씨체)에 해당한다. 왜냐하면 사람과 포자체는 둘 다 이배체이기 때문이다. 사람이 유성생식을 할 때 생식기관에서 정자와 난자를 만든다. 그리고 정자와 난자가 합쳐지면 새로운 개체가 생긴다. 만약 사람을 식물의 용어로 표현한다면, 사람은 포자체(부모)에서 생식세포(정자와 난자, 배우자)를 만들고 다시 포자체(자식)가 된다고 말할 수 있다.

- 식물: 식물의 포자체도 감수분열로 생식세포를 만들지만 곧바로 정자와 난자가 되지는 않는다. 대신에 감수분열로 생긴 세포들은 체세포분열을 통해 성장하여 식물의 유일한 구조인 배우체를 만든다. 바로 이 배우체가 정자와 알을 만든다. 만약 식물을 사람의 입장에서 표현한다면, 부모는 알(난자)과 같은 또는 정자와 같은 세포를 만들고 키워서 각각 독립적인 개체를 이루게 한다고 말할 수 있다. 이 배우체가 정자와 알을 만들어 둘이 합쳐지면 새로운 개체, 곧 포자체가 되는 것이다[그림 3-1].

이렇게 포자체 세대와 배우체 세대가 번갈아 나타나는 생활 형태를 세대교번alternation of generations이라고 한다.

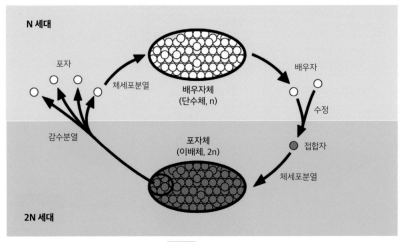

N 세대

포자

체세포분열

배우자체
(단수체, n)

배우자

수정

감수분열

포자체
(이배체, 2n)

접합자

체세포분열

2N 세대

그림 3-1 세대교번

속씨식물은 중복수정이라는 특이한 수정을 한다. 식물 가운데 씨를 만드는 식물을 종자식물이라고 하는데, 종자식물은 속씨식물(피자식물)과 겉씨식물(나자식물)로 분류한다. 속씨식물은 씨를 씨방 속에 품는 식물이고 겉씨식물은 씨가 겉으로 드러나는 식물이다. 속씨식물의 구조에서 혁신적인 부분이 꽃이기 때문에 속씨식물을 현화식물이라고도 부른다.

꽃가루가 암술머리에 붙으면 꽃가루가 발아해 꽃가루관을 만든다. 꽃가루관 안에 있는 핵은 분열을 해서 1개의 꽃가루관핵과 1개의 생식핵을 만들고, 생식핵은 분열을 한 번 더 해서 2개의 정핵을 만든다. 꽃가루관이 밑씨에 도달하면 수정이 시작된다.

그런데 밑씨에는 1개의 난세포, 2개의 조세포, 3개의 반족세포, 2개의 극핵이 있다. 꽃가루관에서 나온 정핵 중의 하나는 난세포와 수정해서 배를 만들고, 다른 하나는 2개의 극핵과 수정해서 배젖을 만든다. 배는 이배체(2n)이고 배젖은 삼배체(3n)가 된다. 이 두 가지의 수정이 동시에 일어나기 때문에 중복수정이라고 부른다[그림 3-2].

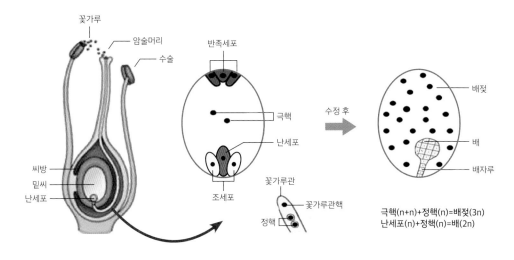

꽃가루

암술머리

수술

반족세포

극핵

난세포

조세포

씨방

밑씨

난세포

꽃가루관

꽃가루관핵

정핵

수정 후

배젖

배

배자루

극핵(n+n)+정핵(n)=배젖(3n)
난세포(n)+정핵(n)=배(2n)

그림 3-2 중복수정

중복수정이 왜 있는가? 배젖은 양분을 저장하고 나중에 배에 제공하는 기능을 갖는데, 정핵과 난세포가 수정이 되지 않아 배가 만들어지지 않으면 배젖도 쓸모가 없어져 불필요하게 저장기관을 만드는 것을 피하기 위해서이다. 배젖은 삼배체이기 때문에 DNA가 이배체 세포보다 많아 효소 단백질 등을 더 많이 만들고 배의 발달을 빠르게 한다.

그럼 이제부터 식물의 생활사를 통한 생리적 성장 과정을 살펴보자.

씨가 발아하면 씨는 저장된 영양물질을 분해하고 이용한다. 그리고 이와 관련된 세포호흡과 당糖 형성 같은 대사과정이 일어나게 된다. 씨에서 어린뿌리와 줄기가 나면 잎이 생겨 어린 식물이 된다. 이러한 일련의 발생 과정은 빛을 필요로 하는데, 어린싹이 빛을 받으면 구부러져 있던 머리를 곧게 펴서 자기를 덮고 있던 흙을 헤치고 나옴과 동시에 엽록소와 엽록체를 만들면서 광합성을 시작한다. 광합성photosynthesis에 관계하는 중요한 효소('루비스코'를 일컬으며 4장에서 다시 다룰 것이다)는 아주 옛날에 진화한 단백질로서 이산화탄소, 산소 모두와 결합한다. 그 때문에 식물에서 광호흡photorespiration이라는 과정은 피할 수 없고, 온도가 높은 곳에서 자라는 식물은 광호흡에 따른 손실을 막기 위해 새로운 광합성 과정을 갖게 되었다(예로서 C_4 식물과 CAM 식물이 있다. 6장에서 자세히 다룰 것이다).

씨로부터 식물의 형태가 만들어지는 과정은 빛이 필요하기 때문에 이 과정을 광형태형성photomorphogenesis이라고 부른다. 분열조직에서 세포분열을 통해 여러 가지 조직이 만들어지면 세포는 신장elongation과 분화differentiation를 한다. 이렇게 해서 식물이 성장을 하는 것이다. 이 성장과 성숙에는 식물호르몬의 역할이 중요하다. 동시에 무기영양을 흡수하고 동화하는 것, 세포 사이와 뿌리에서 잎까지 또는 잎에서 뿌리까지 물질을 운송하는 것, 다른 생물 그리고 환경조건과의 상호작용도 활발해진다.

식물도 동물처럼 종의 유지를 위해 번식해야 한다. 곧 식물(현화식물)은 꽃을 피움으로써 생식기관을 만들어 꽃가루에 있는 정핵이 밑씨에 있는 난세포와 중심세포에 있는 2개의 극핵과 중복수정을 하고 배(이배체)와 배젖(삼배체)을 만들어낸다. 동시에 씨 둘레에 있는 몸은 익어서 열매가 되고, 완전히 익으면 그것이 땅에 떨어져 열매살이 벗겨지면서 휴면 상태의 씨는 흙 위에서 다음 발아를 기다린다. 발아가 되기 위해서는 햇빛과 물이 필요하고, 어떤 씨는 한 번의 추운 기간을 견뎌야 한다(이것이 춘화처리이다. 4장과 7장 참고). 씨를 만드는 일이 완성되면 식물은 서서히 노화하기 시작한다. 동물도 자손 번식을 끝내면 늙기 시작하는 것과 같다. 꽃과 잎이 시들면서 그 속에 있는 영양분이 분해되어 식물의 다른 부분으로 이동한다. 이런 과정은 세포예정사의 일부로서 매우 중요하다.

씨는 어떻게
만들어질까

동물에 있어서의 결실이 자식이라면 식물에 있어서는 열매이다. 열매 속에는 씨가 있어서 이것이 땅 위에 떨어지고 조건이 충족되면 싹이 나서 새로운 식물이 된다. 씨 안에는 휴면 중인 배, 저장 영양분, 씨껍질(종피)이 있다. 씨가 만들어질 때는 수분 함량이 90퍼센트에서 5퍼센트로 줄기 때문에 보존이 더 쉬워진다. 그러면 씨는 어떻게 만들어질까?

남자와 여자가 결혼하여 자식을 낳으려면 정자와 난자가 수정하여 수정란이 된 후에 이것이 성장과 분화를 해야 한다. 마찬가지로 식물은 수꽃(수술)에서 나온 꽃가루(화분)와 암꽃(암술)에서 나온 배가 만나 씨가 만들어진다. 이때 씨는 수분이 크게 줄어드는 데다 씨주머니나 과육, 과피 속에 있으면서 불리한 환경에서 생존할 수 있게 되는데 어떻게 보면 암술(어머니)이 배(자식)를 보호하는 것으로 비유할 수 있다.

그런데 식물은 자신의 암술머리(주두)에 자신의 꽃가루가 붙어 수정이 되지 못하게 하는 메커니즘을 가지고 있다. 곧 암술의 대립인자형과 수술(또는 꽃가루)의 대립인자형이 달라야만 수정이 가능하게 함으로써 대립인자의 다양성을 이루고, 변하는 환경에 적응을 잘하는 훌륭한 씨를 만든다. 이렇게 타가수분을 보장하는 작동 원리를 자가 불화합성self incompatability이라고 한다(자가 불화합성은 8장에서 더 자세히 알아볼 것이다).

씨는 어떻게
퍼질까

씨가 만들어지면 씨는 부모 식물체로부터 떠난다. 떠나는 방식은 식물마다 다르다. 바람에 날리든지, 이동하는 동물의 몸에 붙거나 열매를 먹은 동물의 대변으로 나오든지, 물 위에 떠다니든지 하다가 정착하는 것이다. 어떤 식물은 꼬투리(깍지)가 완전히 마르면 터져서 씨가 포탄처럼 날아가기도 한다. 씨는 발아하기 전까지는 휴면 상태에 있다.

수정 뒤 어떤 변화가
일어날까

관다발식물(유관속식물)은 세포와 정자가 수정하여 만들어진 접합자zygote에서부터 발생을 시작한다. 수정된 접합자는 미래에 형성될 배에 극성極性을 주기 위하여 비대칭적인 세포분열을 한다. 접합자는 식물의 모양과 여러 기관을 이루는 형태형성morphogenesis을 하고, 서로 다른 기능을 가지는 세포를 만드는 분화differentiation를 한다.

접합자가 분열하여 배를 만드는 과정을 배발생embryogenesis이라고 부른다. 배발생은 뿌리에서 슈트shoot까지의 축을 만드는 것을 시작으로 하여 배가 씨 안에서 휴면 상태에 이를 때까지 진행된다. 접합자의 비대칭 분열은 밀도가 높은 작은 세포와 액포를 가진 큰 세포를 만든다. 밀도가 높은 작은 세포는 배본embryo proper이 되고, 액포를 가진 큰 세포는 포유류에서 탯줄로 비교되는 배자

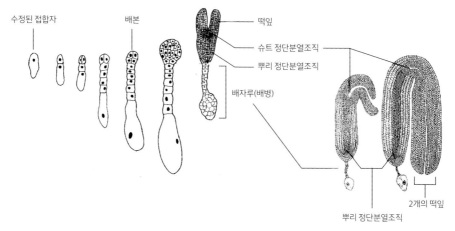

그림 3-3 냉이의 배발생 과정

루(배병, suspensor)가 된다. 배자루는 배와 영양조직을 잇는 영양물질의 이동 통로가 된다[그림 3-3].

배발생 과정으로 배세포의 한쪽 끝에서는 뿌리가 만들어지고 다른 한쪽 끝에서는 슈트의 정단 부분이 만들어진다. 이렇게 해서 배는 떡잎-슈트 정단분열조직-하배축[下胚軸]-어린뿌리-뿌리 정단분열조직-배자루 순의 정단-기저 축을 형성한다[그림 3-4]. 배발생 과정을 거치는 동안 미래에 배 바깥쪽의 표피세포가 될 표피조직, 배 안쪽에 만들어질 기본조직, 배 중심부에 만들어질 관다발조직을 구별할 수 있게 된다. 이로써 배를 위에서 볼 때 방사상으로 구분할 수 있다[그림 3-4]. 이 세 가지 조직은 동물에서 3개의 배엽(외배엽, 중배엽, 내배엽)과 비교가 된다.

식물은 이처럼 축을 중심으로 한 성장을 한다. 줄기에는 곁눈(측아)이 생겨

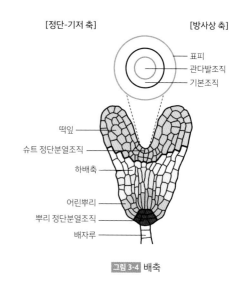

그림 3-4 배축

가지가 나고, 원뿌리에는 곁뿌리가 생긴다. 줄기와 뿌리는 양쪽 끝으로 한없이 자라는데 각각 같은 패턴으로 세포를 증식하며, 개개의 세포가 어디에 위치하는가에 따라 세포의 분화 방향이 결정된다. 이때 개체의 정단 부분의 세포나 세포군으로 필요한 물질을 보내서 축적시키고 유전정보에 따른 과정을 되풀이한다. 이 필요한 물질 가운데 가장 중요한 것이 옥신auxin이다(5장 식물호르몬 참고).

종자식물의 배에서는 하나 또는 두 개의 떡잎(자엽)을 만드는데 전자의 경우를 외떡잎(단자엽)식물이라고 부르고, 후자의 경우를 쌍떡잎(쌍자엽)식물이라고

	외떡잎식물	쌍떡잎식물	
한 개의 떡잎			두 개의 떡잎
길고 좁은 잎 (나란히맥)			넓은 잎 (그물맥)
분산된 관다발 (형성층이 없다)	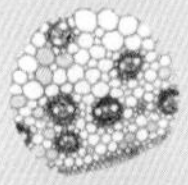		고리 모양 관다발 (형성층이 있다)
꽃잎이 3의 배수		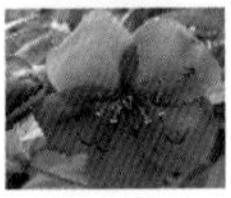	꽃잎이 4 또는 5의 배수
수염뿌리			원뿌리와 곁뿌리
예	잔디, 벼, 보리, 옥수수, 조, 피	완두콩, 강낭콩, 녹두, 팥, 무, 배추, 상추	

그림 3-5 외떡잎식물과 쌍떡잎식물 비교

부른다. (참고로 침엽수는 겉씨식물이자 다떡잎식물이고, 활엽수는 속씨식물로 쌍떡잎식물이다.) 외떡잎식물과 쌍떡잎식물은 그 구조에서 여러 면으로 차이를 보인다[그림 3-5].

배발생 과정이 끝날 때, 어린 식물은 성장을 위한 모든 부분을 갖추고 배는 씨 안에서 휴면 상태로 들어간다. 씨는 널리 퍼지거나 모진 환경에 적응하기 위한 특수한 구조라고 생각할 수 있다. 배는 어느 정도 물기가 빠지면서 안정되며 아주 오랫동안 휴면 상태에 있을 수 있다. 씨가 물을 흡수하면 발아를 하여 성장이 다시 시작된다.

발아는 식물의 내부 요인인 휴면과 외부 요인인 물, 온도, 산소에 의해 일어난다. 영양은 외떡잎식물의 경우는 배유에서, 쌍떡잎식물의 경우는 떡잎에서 나온다. 일단 발아하면 배는 기관형성 과정을 통해 잎, 줄기, 뿌리를 만든다. 새로운 뿌리는 뿌리 끝에 있는 뿌리 정단분열조직에서 만들어지고, 새로운 줄기와 잎은 슈트의 끝에 있는 슈트 정단분열조직에서 만들어진다.

배조직을 형성하기 위해서는 여러 가지 유전자들이 관여한다. 어떤 유전자는 어린 식물의 뿌리 형성에 관여하고, 어떤 유전자는 줄기 형성에 관여하며, 어떤 유전자는 떡잎이 달린 정단 형성에 관여한다. 또 다른 유전자군은 식물의 세 가지 기본조직을 형성하는 데 관여한다. 뿌리가 제일 먼저 만들어져 물을 흡수하기 시작하고, 떡잎은 결국 시들어 없어진다.

식물의 각 부분은 분열조직에서 순서대로 생긴다. 곤충이나 척추동물의 발생 과정을 보면 처음에 성체가 될 기본적인 구조가 만들어지고 시간이 지남에 따라 커진다. 그러나 식물은 다르게 발달한다. 식물의 성체는 주변부에 추가적인 구조를 만들기 위해 증식하는 세포 집단에 의해 순차적으로 발달한다. 이 증식

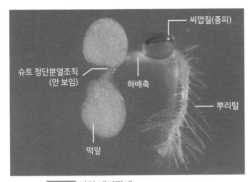

씨껍질(종피)

슈트 정단분열조직
(안 보임)

하배축

뿌리털

떡잎

그림 3-6 어린 애기장대

하는 세포 집단이 정단분열조직이다.

각 정단분열조직은 새롭게 분열하지만 분화를 이루지 않은 줄기세포로 구성되어 있다. 이 세포들이 분열할 때 딸세포를 남기는데, 이 딸세포들이 커지면 결국 분화한다. 뿌리와 슈트의 정단분열조직은 잎, 뿌리, 줄기를 만드는 데 필요한 모든 종류의 세포를 만들어내지만, 정단분열조직 주위의 세포는 더 많은 증식을 위해 분열조직의 잠재력을 유지한다. 이 방법으로 나무와 다른 다년생식물은 조직이 손상되었을 때 수년이 지나야 줄기와 뿌리의 둘레를 늘릴 수 있고 휴면 지역에서 싹을 틔울 수 있다.

뿌리와 슈트의 정단분열조직의 기원은 이미 배에서 결정된다. 발아하는 동안 씨껍질이 파열되자마자 분열세포가 아닌 세포들이 극적으로 확대되고 뿌리가 우선적으로 생겨 토양에 당장의 발판을 마련한 다음 슈트가 형성된다[그림 3-6].

새로 나온 뿌리는 토양으로부터 물과 무기이온을 흡수할 수 있는 능력을 갖추고, 어린싹에서 생겨난 슈트는 광합성을 할 수 있는 능력을 갖는다. 어린 식물의 발달은 환경의 신호에 따라 좌우된다. 슈트는 토양을 통해 빨리 위로 올라와야 하며, 떡잎이 열려서 빛을 받고 광합성을 시작해야 한다. 이러한 전환은 빛 때문에 일어나는데 빛은 특정한 식물 성장 물질('브라시노스테로이드'라는 식물호르몬)의 생성을 억제한다. 그러면 브라시노스테로이드brassinosteroid의 생합성에 이상이 있는 돌연변이나 브라시노스테로이드를 인지하는 데 문제가 있는 돌연변이는 빛이 없어도 빛을 받고 자란 식물처럼 떡잎에 색을 띠고 신장伸長이 느리며 성

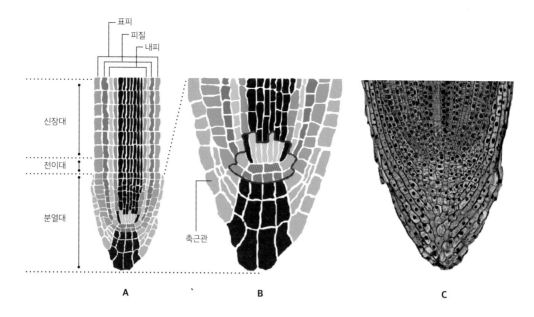

표피
피질
내피

신장대

전이대

분열대

축근관

A   B   C

그림 3-7 애기장대의 뿌리 구조 (A) 뿌리의 세로 방향 단면. 분열대, 전이대 및 신장대로 나누어진다. (B) 뿌리 끝의 세로 방향 단면. 분열대의 붉은 선으로 둘러싸인 부분은 줄기세포 영역이다. (C) 양파의 뿌리 끝

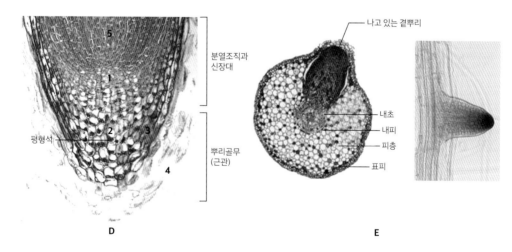

5

분열조직과
신장대

1

평형석   2   3

뿌리골무
(근관)

4

D

나고 있는 곁뿌리

내초
내피
피층
표피

E

(D) 옥수수의 뿌리 정단 구조 1) 정단분열조직 2) 세포 속에 굴중성에 관계하는 평형석이 보인다 3) 유조직세포 4) 벗겨지고 있는 죽은 세포 5) 신장대

(E) 버드나무의 곁뿌리 형성(왼쪽)과 애기장대의 곁뿌리 형성(오른쪽). 푸른색으로 염색된 부분은 옥신이 있는 부위이다. 원뿌리의 형성과 매우 유사한 옥신최대(auxin maximum)를 곁뿌리 끝의 진하게 염색된 부분에서 볼 수 있다.

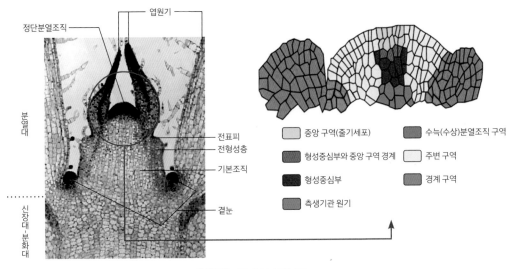

정단분열조직
엽원기

전표피
전형성층
기본조직
곁눈

분열대
신장대·분화대

중앙 구역(줄기세포)
형성중심부와 중앙 구역 경계
형성중심부
측생기관 원기
수능(수상)분열조직 구역
주변 구역
경계 구역

그림 3-8 식물의 줄기 끝부분

숙하지 않은 상태에서 떡잎이 열린다.

　새로 생긴 식물의 구조는 세포들이 방향성을 가지고 분열하고 팽창함으로써 형태를 갖춘다. 뿌리를 예로 들면, 뿌리 정단분열조직에서 만들어지는 대부분의 세포는 분열, 신장, 분화의 세 가지 발달 단계를 거친다[그림 3-7A]. 이 3단계는 시간적으로나 공간적으로나 겹쳐 있지만 결국 뿌리 끝의 전형적인 모양을 갖추게 된다. 세포가 신장하는 동안 분화가 일어나며, 이 3단계는 육안으로 구별할 수 있다[그림 3-7 A와 C]. 분열조직의 뒷부분에 세포 덩어리가 남아 세포분화를 하지 않고 있다가, 자라기 시작하면 곁뿌리를 만든다[그림 3-7 E]. 줄기 끝에서도 분열, 신장, 분화의 발달 단계를 보여준다[그림 3-8].

　분열조직에서 시작하는 성장을 일차 성장이라고 부르는데 이 성장으로 길이가 늘어나게 된다. 일차 성장은 세포분열과 세포신장으로 일어난다. 세포의 팽창은 세포벽을 향해서 미는 팽압 때문에 일어나며, 팽창하는 방향은 세포벽에 있는 셀룰로오스 섬유의 배열 방향에 따라 결정된다[그림 3-9].

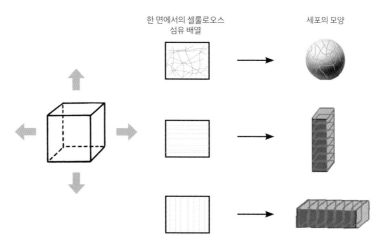

한 면에서의 셀룰로오스
섬유 배열

세포의 모양

그림 3-9 셀룰로오스 섬유의 배열에 따른 세포의 신장 변화

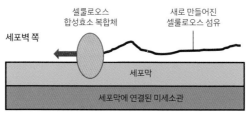

셀룰로오스
합성효소 복합체

새로 만들어진
셀룰로오스 섬유

세포벽 쪽

세포막

세포막에 연결된 미세소관

세포질 쪽

그림 3-10 세포벽 형성을 위한 셀룰로오스 섬유의 합성. 셀룰로오스 합성효소 복합체는 원형질막 표면의 셀룰로오스 미세섬유를 지속적으로 합성하는 막단백질이다. 미세소관의 말단부는 세포벽과 통합되고, 신장하는 미세소관과 근접한 합성효소 복합체는 세포막을 따라 움직이게 된다. 미세소관의 배열은 새로운 셀룰로오스 미세섬유가 놓여 있는 축을 결정한다.

셀룰로오스 섬유의 배열 방향은 세포막 안쪽에 있는 미세소관의 조절을 받는다. 세포막에는 셀룰로오스를 만드는 효소가 있어서 세포 바깥으로 셀룰로오스를 쌓이게 한다[그림 3-10].

또한 셀룰로오스 섬유의 배열 방향은 식물호르몬의 영향을 받는다. 에틸렌이라는 호르몬은 짧고 굵게 자라도록 세포 내 미세소관이 장축으로 배열되게 하

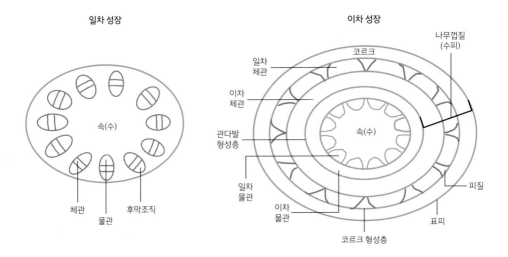

그림 3-11 목본식물 줄기의 일차 성장과 이차 성장. 형성층에서 세포분열이 일어나 부피 성장을 하게 된다.

지만, 지베렐린이라는 호르몬은 세포 내 미세소관이 이와는 반대로 배열되어 길이 성장을 하게 한다. 이렇게 식물의 성장과 발달은 식물호르몬과 식물 성장조절물질에 의해 일어난다. 내생內生 호르몬의 농도는 식물의 나이, 추위에 따른 경화硬化 정도, 휴면과 같은 대사적인 조건, 광주기, 가뭄, 온도와 같은 외부 환경조건, 외부에서 들어온 식물 성장조절물질의 영향을 받는다.

그런데 한 식물체 안에서 모든 식물세포가 같은 길이로 자라는 것은 아니다. 줄기의 한쪽에 있는 세포들이 다른 한쪽보다 빨리 자라면 줄기는 느리게 자라는 쪽으로 휜다. 이렇게 방향성이 있는 성장은 빛, 중력, 물, 물리적 자극 등으로 일어난다.

목본식물은 이차 성장을 하는데, 이차 성장은 형성층에서 세포들이 분열을 하여 줄기와 뿌리가 부피 성장을 하는 것을 말한다. 이차 성장은 이차 물관 및 이차 체관의 생성으로 특징짓는다[그림 3-11].

정단분열조직은 어떻게 식물의 모듈을 만들까

정단분열조직은 세포가 계속 분열하는 영구조직이다. 하지만 발달이 엄격하게 제한되어 있어, 특정한 발달 시기에 크기나 형태가 뚜렷하고 수명이 정해져 있는 잎이나 꽃과 같은 구조물을 만든다. 그래서 꽃을 피우지 않는, 영양생장을 하는 슈트가 신장할 때 마디(절)와 마디사이(절간)를 만든다. 마디에서는 잎이 만들어진다[그림 3-12]. 이런 방식으로 정단분열조직은 줄기와 잎 및 슈트로 이루어진 유사한 모듈module을 점점 더 많이 생산한다. 모듈은 지지와 운송 조직으로 서로 연결되며, 연속적인 모듈은 상대적으로 정확하

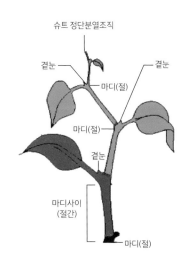

그림 3-12 식물의 모듈(module). 각 모듈은 붉은선으로 나뉘어 있다. 모듈이란 줄기, 잎, 분열조직을 갖고 있는 눈이다. 눈은 가지가 생성하는 마디에서 형성되는데 마디에서는 잎이 생긴다. 모듈은 정단분열조직의 계속적인 활동으로 생성된다.

열매의 반복

꽃의 반복

잎의 반복

그림 3-13 모듈의 반복

B

그림 3-14 테오신트와 옥수수 (A) 테오신트의 암이삭은 옥수수의 암이삭보다 훨씬 작으며 식물 전체에 많이 달렸다. 붉은 원 속의 동전은 미국의 25센트 주화로서 대략 우리나라의 500원 주화와 크기가 비슷하다. (B) 암이삭의 크기 비교. 왼쪽부터 테오신트, 테오신트와 옥수수의 잡종, 옥수수이다.

게 위치하여 반복적인 구조를 이룬다. 이러한 발달 양식은 식물의 특징으로서, 줄기-잎 체계 이외에 많은 다른 구조물에서도 볼 수 있다[그림 3-13].

줄기가 가지를 만들려면 새로운 정단분열조직을 만들어야 한다. 이 과정은 정단에서 어떤 일이 일어나는가에 따라 영향을 받는다. 발달하는 가지마다 줄기와 엽원기葉原基 사이에는 곁눈(측아)이 형성된다[그림 3-8 참고]. 곁눈의 세포들은 정단분열조직에서 유래하기 때문에 분열조직의 성격을 갖고 있다. 곁눈은 새로운 가지를 만들 수 있는 분열조직, 꽃을 만들 수 있는 원기, 또는 휴면하는 눈이 될 수 있다. 가지가 만들어지는 방식은 이런 곁눈이 가질 수 있는 다양한 운명 가운데에서 선택을 함으로써 결정된다. 현재 우리가 재배하는 옥수수는 인류가 육종育種을 통해 개량한 가장 성공적인 작물로 여겨지고 있다. 옥수수의 조상은 테오신트teosinte인데 5,000~1만 년 전에 아메리카 원주민이 수백 년에 걸쳐 개량한 것이다. 육종을 통해 가지가 나는 것을 막고 암이삭(우리가 먹는 부분)을 크게 만든 것이다. 곧 가지가 될 곁눈의 운명이 암이삭으로 바뀐 것이다[그림 3-14].

정단분열조직 안의
세포 균형은 어떻게 유지될까

정단분열조직이 어떻게 유지되는지에 관한 것은 오랫동안 식물학자들에게 의문이었다. 정단분열조직 세포는 식물이 자라면서 수주, 수년 또는 심지어 몇 세기 동안 계속 증식해야 하고, 분화할 수 있는 자손 세포를 지속적으로 만들어 내면서 스스로 새로운 분열세포로 대체되어야 한다. 따라서 정단분열조직이 유

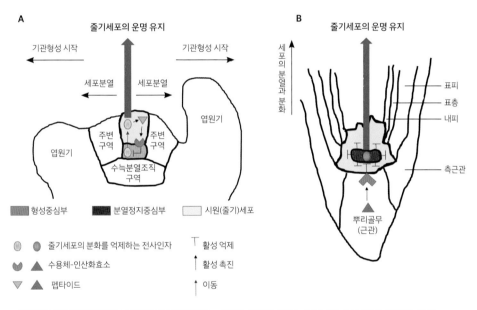

그림 3-15 정단분열조직에서 줄기세포와 분화하려는 세포가 균형을 이루는 원리 (A) 슈트 정단분열조직. 형성 중심부에서 생긴 줄기세포의 분화를 억제하는 전사인자는 시원(줄기)세포 구역으로 이동해 펩타이드를 활성화시키고 이 펩타이드는 수용체-인산화효소를 활성화시킨다. 활성화한 효소는 줄기세포의 분화를 억제하는 전사인자를 억제함으로써 줄기세포의 분화를 촉진시킨다. 이것은 음성적(억제적) 피드백의 한 예이다. (B) 뿌리 정단분열조직. 분열정지중심부에서 생긴 줄기세포의 분화를 억제하는 전사인자는 그 주위에 있는 시원세포들의 분화를 억제한다. 슈트 정단분열조직에 있는 수용체-인산화효소와 유사한 뿌리의 수용체-인산화효소는 펩타이드에 의해 활성화되어 줄기세포의 분화를 억제하는 전사인자를 억제한다. 줄기세포의 운명 유지는 분열정지중심부의 옥신최대와 관련이 있다(그림 5-2C 참고).

지되기 위해서는 줄기세포의 성격을 그대로 가지면서 분열을 하지 않으려는 세포들과 분열, 분화하려는 세포들이 균형을 이루어야 한다. 이것으로 분열조직을 구성하는 세포 집단의 크기는 실질적으로 일정하게 유지된다. 새로운 분열조직은 식물이 가지를 만들 때 생길 수 있지만, 같은 크기를 유지한다.

줄기 끝이나 뿌리 끝의 생장점을 구성하는 세포들의 분열 빈도는 각 세포가 놓여 있는 위치에 따라 다르다. 줄기 끝의 형성중심부organizing center와 뿌리 끝의 분열정지중심부quiescent center는 분열을 활발하게 하지 않으면서 그 주위에 있는 줄기세포(줄기 끝의 경우는 중앙 구역에 있는 세포이고 뿌리 끝의 경우는 시원세포를 말한다)의 분화를 억제한다([그림 3-7]과 [그림 3-8] 참고). 곧 줄기세포의 운명을 유지하는 기능을 갖고 있다. 이를 위해서 전사轉寫 과정에 참여하는 단백질인 전사인자와 막에 있는 인산화효소, 작은 펩타이드(아미노산 몇 개가 연결된 짧은 중합체)에 의한 신호전달 과정이 필요하다[그림 3-15].

슈트 정단분열조직에 있는 형성중심부와 뿌리 정단분열조직에 있는 분열정지중심부는 세포분열을 아주 느리게 하고, 자외선에 대한 내성이 있다. 세포분열을 하게 되면 유전체를 복사하는 과정에서 자연적으로 돌연변이가 일어날 확률이 있기 때문에 분열을 하지 않고 개체(종)의 유전체를 보호한다.

4장

식물에
영향을 주는
요소

식물의 생장과 방어에 영향을 주는 외부 정보에는 여러 가지가 있다. 외부 정보는 생물적인 것과 무생물적인 것이 있다. 생물적인 것으로는 병원체, 공생 미생물, 기생체, 초식동물 등이 있고, 무생물적인 것으로는 중력, 온도, 빛, 바람, 물, 무기영양, 토양의 구조, 산소, 이산화탄소가 있다. 거의 모든 정보는 강약이 있고, 시간에 따라 변할 수 있다.

물
_물이 없으면 생명도 없다

광합성

$$\text{이산화탄소} + \text{물} \xrightarrow{\text{빛}} \text{포도당} + \text{산소}$$

위의 식을 보면 광합성 반응에는 물이 필요하다. 빛에 의한 물의 분해는 광합성의 명반응明反應에 전자를 제공하고 ATP(생체 내 에너지의 저장·공급·운반을 중개하는 중요 물질)를 만들 수 있는 양성자(양전하를 띤 수소원자, H^+)를 생성하게 된다.

물은 어떻게 뿌리에서 잎까지 이동할까

물은 생명 현상을 유지하는 데 없어서는 안 될 요소이다. 또 농업 생산성을 결정하는 자연자원으로 강수량은 식물의 생태 분포에 영향을 준다.

식물이 광합성을 하면 이산화탄소가 필요하기 때문에 잎의 기공을 열어야 하고, 필연적으로 물은 증산을 통해 공기 중으로 나간다. 이산화탄소 분자 한 개

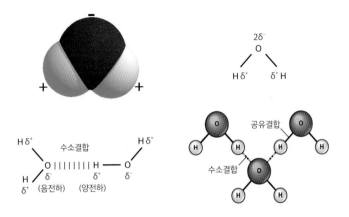

그림 4-1 물 분자와 수소결합. 산소 원자(O) 쪽으로 음성이 더 강하고 수소 원자(H) 쪽으로 양성을 띠어 전기적으로 극성이 된다. 이로써 수소결합이 이루어진다.

가 잎 속으로 들어올 때 물 분자는 400개가 나간다. 곧 식물 뿌리가 흡수한 물의 97퍼센트가 증산을 통해 증발한다. 나머지 3퍼센트는 식물의 성장과 광합성, 다른 대사과정에 쓰인다.

물은 화학적으로 특수한 성질을 갖고 있어서 생명을 유지하는 데 매우 적합한 물질이다. 물 분자는 수소결합으로 서로 연결되어 있다. 수소결합 자체는 매우 약한 결합이지만 많은 양의 물 분자가 관계하면 무시 못 할 결합력이 생긴다 [그림 4-1].

물 분자의 이런 성질 때문에 물은 여러 가지 물질을 다량으로 녹일 수 있는 좋은 용매가 된다. 물은 다른 액체보다 더 많은 에너지를 주어야 온도가 올라가기 때문에 온도의 변화가 작고 이는 생체 활동을 일정하게 유지하는 데 중요한 역할을 한다. 물 분자끼리의 수소결합을 깨기 위해서는 에너지를 가해야 하는데 물이 다른 액체보다 에너지를 더 많이 소비하므로 잎에서 증산은 햇빛으로 높아진 잎의 온도를 낮추는 기능을 한다.

물은 또한 높은 표면장력, 부착력, 응집력을 갖고 있다. 물의 표면장력은 비

그림 4-2 물의 응집력과 부착력의 작용에 의한 물방울

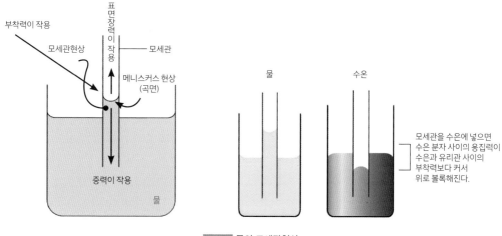

그림 4-3 물의 모세관현상

교적 높은 편인데 이는 물이 다른 액체에 비해 표면적을 최소화하려는 힘이 더 강하다는 것을 말한다. 만약에 물이 이런 성질을 갖고 있지 않다면 소금쟁이는 벌써 물에 빠졌을 것이다. 물은 수소결합으로 물 분자끼리의 높은 응집력과 물 분자와 고체 표면에 끌리는 힘(부착력)을 가지고 있다. 이러한 힘 때문에 물방울 이 맺히는 현상[그림 4-2]과 모세관현상을 볼 수 있다[그림 4-3]. 모세관현상은 모세관 이 가늘수록 요철 수면이 더 많이 올라간다. 물은 물기둥 속에서 끊어지지 않고 견딜 수 있는 힘(인장강도)이 크기 때문에 식물은 물관을 통해 물을 수 미터 높이 까지 끌어 올릴 수 있다.

과학자들은 물이 흙에서 나무 꼭대기까지 올라가는 현상이나, 식물세포를 여러 농도의 설탕물에 넣었을 때 변하는 현상을 단지 현상적인 것으로만 아는 것이 아니라 수치로 정확하게 표현하기를 원한다. 그래서 생긴 개념이 수분 퍼텐셜 water potential[2] 이다. 수분 퍼텐셜은 물의 농도가 평형이 될 때까지 이동하려는 힘으로 이해하면 쉽다. 순수한 물의 수분 퍼텐셜은 0이다. 순수한 물에 어떤 물질(소금이나 설탕)을 녹이면 그 물질의 농도는 올라가지만 물의 농도는 상대적으로 떨어져 수분 퍼텐셜은 음의 값을 갖는다.

그렇다면 순수한 물과 어떤 물질이 녹아 있는 용액을 반투막을 사이에 두고 같이 있게 하면 어떤 현상이 일어날까? 반투막이란 물은 자유롭게 지나갈 수 있지만 물에 녹아 있는 물질은 골라서 (선택적으로) 통과시키는 막이다. 만약 반투막이 우리가 쓴 어떤 물질을 통과시키지 못한다고 가정해보자. 물 분자는 물의 농도가 높은 쪽에서 낮은 쪽으로 양쪽의 물의 농도가 같아질 때까지 이동할 것이다 [그림 4-4]. 이러한 현상을 삼투현상이라고 하는데 삼투현상은 식물 생리에 중요한 역할을 한다. 삼투현상으로 생긴 압력을 삼투압이라고 부른다. 식물세포는 동물세포와 달리 세포벽을 갖고 있기 때문에 수압이 세포 밖으로 향하는 팽압이 생긴다. 물이 풍족할 때 식물이 싱싱해 보이는 이유가 바로 팽압 때문이다[그림 4-5]. 그림 4-5를 수분 퍼텐셜 관점에서 바꾸면 용질의 농도와 반대로 생각하면 된다[그림 4-6].

---

2) 식물학자들은 물의 이동을 수분 퍼텐셜로 표현하기를 좋아한다. 이 개념은 조금 혼동을 주는 면이 있지만, 물이 어떻게 흐르는지 예상하기 좋은 정량적인 개념이다.
   1. 용질 퍼텐셜=삼투 퍼텐셜: 용질 농도의 영향
      순수한 물의 용질 퍼텐셜은 0이며, 물에 용질이 녹으면 감소하여 0 미만(음)의 값을 가진다.
   2. 압력 퍼텐셜: 팽압의 영향
      해수면에서 대기압의 압력 퍼텐셜은 0이어서 팽압이 대기압보다 높으면 항상 양의 값을 가진다.
      수분 퍼텐셜=용질 퍼텐셜+압력 퍼텐셜+(중력 퍼텐셜)
      여기서 중력 퍼텐셜은 경우에 따라 무시할 수 있다. 중요한 것은 물은 수분 퍼텐셜이 높은 곳에서 낮은 곳으로 이동한다는 점이다.

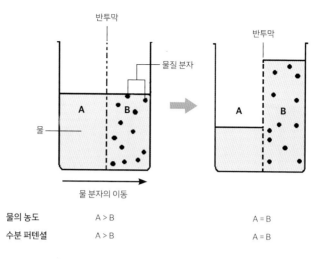

| 물의 농도 | A > B | A = B |
| 수분 퍼텐셜 | A > B | A = B |

그림 4-4 수분 퍼텐셜과 삼투현상

삼투압으로 뿌리의 표피세포를 거쳐 들어온 물은 잎까지 여행을 시작한다. 삼투현상에 따라 물 분자는 세포막 양쪽의 용질의 농도가 똑같아질 때까지 세포막을 통해 이동한다. 곧 물은 수분 퍼텐셜이 높은 쪽에서 낮은 쪽으로 이동한다.

대부분의 토양에는 소량의 염이 아주 많은 양의 물속에 녹아 있다. 반면에 표피세포의 원형질에는 아주 적은 양의 물이 있고 그 속에는 염, 당분, 다른 물질들이 농축하여 존재한다. 따라서 토양 속에 있는 물이 표피세포 안으로 들어오게 된다.

시스템의 평형은 뿌리세포에서 토양으로 확산을 시도하는 염과 기타 물질에도 적용되어야 한다. 그러나 세포막은 투과에 있어서 선택하는 성질이 있기 때문에 물은 잘 통과시키지만 대부분의 용질에 대해서는 이동을 막는다. 이러한 세포막의 특징 때문에 삼투압이 생기는 것이다.

세포 속으로 들어간 물은 세포 중앙에 위치한 액포로 들어가서 세포벽을 향해 압력을 가한다. 이렇게 세포가 뚱뚱해지면 물의 유입은 느려지지만 멈추지는 않는다. 물은 계속해서 세포로 퍼져 나간다. 세포 외부의 용질 농도가 세포 내부

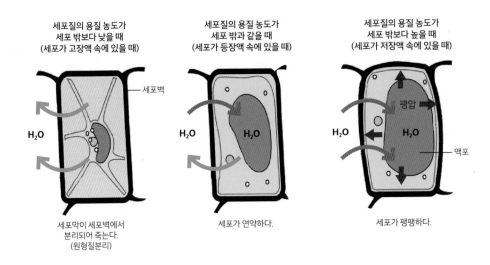

세포질의 용질 농도가
세포 밖보다 낮을 때
(세포가 고장액 속에 있을 때)

세포질의 용질 농도가
세포 밖과 같을 때
(세포가 등장액 속에 있을 때)

세포질의 용질 농도가
세포 밖보다 높을 때
(세포가 저장액 속에 있을 때)

세포벽

팽압

H_2O

H_2O

H_2O

H_2O

H_2O

H_2O

액포

세포막이 세포벽에서
분리되어 죽는다.
(원형질분리)

세포가 연약하다.

세포가 팽팽하다.

그림 4-5 세포 외부의 수용액 농도가 식물세포에 주는 영향

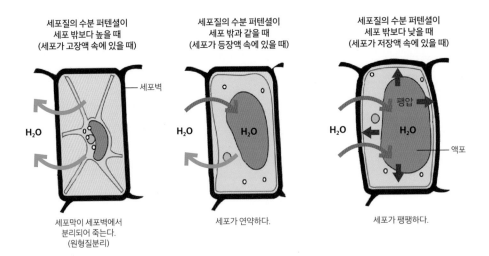

세포질의 수분 퍼텐셜이
세포 밖보다 높을 때
(세포가 고장액 속에 있을 때)

세포질의 수분 퍼텐셜이
세포 밖과 같을 때
(세포가 등장액 속에 있을 때)

세포질의 수분 퍼텐셜이
세포 밖보다 낮을 때
(세포가 저장액 속에 있을 때)

세포벽

팽압

H_2O

H_2O

H_2O

H_2O

H_2O

H_2O

액포

세포막이 세포벽에서
분리되어 죽는다.
(원형질분리)

세포가 연약하다.

세포가 팽팽하다.

그림 4-6 세포 외부와 세포 내부 간의 수분 퍼텐셜 차이가 식물세포에 주는 영향

의 용질 농도보다 낮은 경우, 삼투현상에 따라 물이 세포 안으로 들어온다. 세포
는 세포벽이 있어서 흡수에 따른 내부로부터의 팽창력에 대항하는 동안 삼투현
상으로 들어온 만큼의 물을 내보낸다. 곧 식물세포는 세포가 터지지 않게 하는
세포벽이라는 안전장치를 갖고 있는 것이다.

세포의 팽압은 물로 꽉 채워진 조직을 단단하게 만든다. 이런 현상은 싱싱한
채소와 시든 채소를 비교해보면 알 수 있다. 이와 유사한 것이 자전거 타이어인
데, 자전거 타이어는 안쪽에 팽창할 수 있는 튜브가 있어서 공기를 넣으면 신축
성이 없는 바깥쪽의 벽을 민다. 자전거 바퀴에 바람이 빠지지만 바깥쪽의 벽은
세포벽과 마찬가지로 쭈그러지지 않고 내부 튜브의 압력이 감소한다.

염분이 많은 토양에서 자라는 식물 대부분은 물을 충분히 주어도 시든다. 염
분이 많은 토양은 물의 함량이 뿌리보다 적기 때문에 물이 뿌리에서 토양 쪽으로
나간다. 많은 양의 물이 세포에서 나가면 액포가 수축하고 세포막은 세포벽으로
부터 떨어지게 되는데 이 현상을 원형질분리plasmolysis라고 부른다. 원형질분리
현상이 오래 지속되면 세포는 죽는다. 그렇지만 해초나 바닷가 소금이 많은 사
막에 적응된 속씨식물은 원형질분리 없이 잘 살 수 있다. 그런 식물은 외부보다
더 높은 농도의 염분을 체내에 지님으로써 물을 계속 세포 안으로 들어오게 하는
것이다.

식물에서 물이 가는 물관 속으로 들어갈 때 모세관현상이 일어난다. 물의 응
집력으로 물기둥을 유지하고, 물 분자와 세포벽의 셀룰로오스 사이에 생긴 부착
력은 물을 끌어 올리는 역할을 한다. 이 물기둥의 상승은 부착력과 중력이 같아
질 때까지 계속된다. 그런데 물의 상승은 이 모세관현상만으로 설명하지 못한
다. 잎에서는 물 분자가 공기 중으로 나간다. 그렇게 해서 생긴 빈자리는 물관을

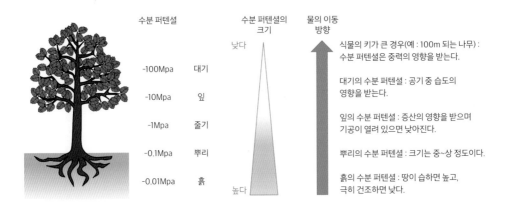

수분 퍼텐셜		수분 퍼텐셜의 크기	물의 이동 방향	

		낮다		식물의 키가 큰 경우(예 : 100m 되는 나무) : 수분 퍼텐셜은 중력의 영향을 받는다.
-100Mpa	대기			대기의 수분 퍼텐셜 : 공기 중 습도의 영향을 받는다.
-10Mpa	잎			잎의 수분 퍼텐셜 : 증산의 영향을 받으며 기공이 열려 있으면 낮아진다.
-1Mpa	줄기			뿌리의 수분 퍼텐셜 : 크기는 중~상 정도이다.
-0.1Mpa	뿌리			흙의 수분 퍼텐셜 : 땅이 습하면 높고, 극히 건조하면 낮다.
-0.01Mpa	흙	높다		

그림 4-7 수분 퍼텐셜에 따른 물의 이동

통해 올라온 물 분자가 채워주어야 한다.

잎으로부터 물 분자가 나가는 현상을 증산이라고 부른다. 그런데 식물과 그 주위를 보면 수분 퍼텐셜의 기울기(구배)가 있는 것을 알 수 있다[그림 4-7]. 따라서 물은 수분 퍼텐셜이 높은 흙에서 수분 퍼텐셜이 낮은 대기로 이동한다. 물의 이동 정도는 증산이 되는 정도에 비례하는데 증산은 여러 요인의 영향을 받는다. 대기의 습도가 낮으면 증산이 증가하고, 잎 주위에 바람이 불면 물 분자를 가지고 가므로 증산이 증가한다. 대기의 온도가 높다든지 기공을 열게 하는 어떤 조건이라도 증산을 증가시킨다.

우리 몸속의 혈관이 콜레스테롤의 축적이나 공기의 주입 등으로 막히면 생명에 위협을 받듯이 물관 속에 공기가 생기면 물의 흐름이 중단된다. 물론 혈관이 막히는 이유와 물관이 막히는 이유는 다르다. 덥고 건조한 날씨에 증산으로 흡입력이 물의 부착력보다 높아져 물관 속에 기포가 생길 수 있고, 수액 속에 녹아 있는 가스가 나올 수도 있으며, 냉동과 해빙이 반복되는 것으로도 물 분자의 구성이 변해 기포가 생길 수 있다. 이 문제를 해결하는 데는 헛물관(가도관)이 도움이 되는데, 헛물관은 양쪽 끝이 비교적 막혀 있고 벽에 물이 통할 수 있는 구멍들이 있어 기포로 헛물관이 막혀도 물이 우회해서 지나갈 수 있게 한다. 목본식물은 해마다 새로운 물관을 만들어 문제를 해결한다. 밤에는 식물이 뿌리압(근압)을 이용해서 기포로 생긴 공간을 없앤다.

뿌리압의 형성

뿌리 끝 가까이에 있는 표피세포와 그 변형인 뿌리털은 삼투압을 이용해서 토양의 물을 흡수한다. 팽팽해진 표피세포는 안쪽의 피층皮層 세포들 사이의 공간으로 물을 내보내고, 그 물은 다시 내피를 통과해 가장 안쪽에 있는 물관으로 간다[그림 4-8].

표피와 내피에서 물이 흐르는 것은 뿌리압 때문으로, 줄기를 잘랐을 때 자른 부분에서 액체가 나오는 것을 보면 알 수 있다. 뿌리압은 이른 새벽에 잎 끝에서 나오는 물방울에서도 볼 수 있다. 이 같은 현상을 일액현상guttation이라고 하는

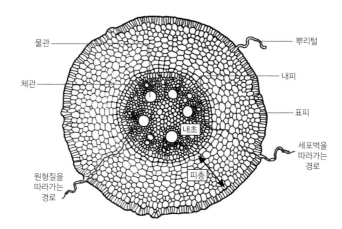

그림 4-8 뿌리에서 물의 이동 경로. 흙에서 뿌리털, 피층, 내피, 뿌리의 물관 순으로 들어간다. 내피까지는 물이 원형질과 세포벽을 통해 들어가지만 내피 안으로는 원형질을 통해서만 물관으로 들어간다.

데 일액현상은 배수조직hydathode이라 불리는 특수한 구멍을 통해서도 일어나며 남아도는 체관액을 없애기 위한 방법으로 쓴다.

뿌리압에 의해 물을 뿌리에서 잎으로 보낼 수 있지만, 그것은 키가 작은 식물의 경우이다. 수 미터에서 수십 미터나 되는 식물에서는 뿌리압만 가지고는 물을 뿌리에서 잎까지 보낼 수 없다. 따라서 그런 경우는 뿌리에서 미는 힘과 잎에서 끄는 힘이 모두 필요하다.

증산을 이용한 물의 이동

잎의 엽육세포(표피 안쪽에 있는 녹색의 엽육조직을 이루고 있는 세포)에서는 광합성을 해서 포도당을 만들고 이것으로 물관에 있는 물을 삼투압을 이용해서 빨아들인다. 태양열은 엽육세포에 있는 물을 수증기로 변하게 해서 기공으로 내보내는데 이를 증산transpiration이라고 한다.

잎에서 수증기로 잃어버린 물은 엽육세포에 의해 잎맥으로부터 충당된다. 뿌리, 줄기, 잎에 물관이 있어서 물이 끊어지지 않기 때문에 증산은 물을 계속 뿌리에서 잎까지 끌어 올릴 수 있는 것이다. 이 현상은 물이 가지고 있는 특수한 성질, 곧 수소결합 때문에 가능한 것인데 물은 물 분자끼리의 응집력과 물관 벽에 붙으려는 부착력이 강하여 모세관현상이 일어나면서 이동하게 된다. 물관은 죽은 세포들로 이루어져 있고 세포벽은 셀룰로오스가 많은 소수성疏水性의 벽으로 되어 있어 물을 흡수하지 않는다. 이를 설명하는 가설이 응집력-장력설cohesion-tension hypothesis이다.

뿌리압과 증산에 따라 수직으로 있는 관 아래로는 물을 펌프해 넣고 위로는 물을 빨아들이면 물이 아주 빠른 속도로 이동하는 것을 볼 수 있다. 그런데 물이 계속 이동하려면 위에서는 물이 끊임없이 빠져나가야 한다. 대부분의 식물은 뿌리로 들어오는 97퍼센트의 물을 모두 수증기의 형태로 잎에서 증산을 통해 내보낸다.

그렇다면 물은 어떻게 에너지 없이 땅에서 대기로 이동하는 것일까? 물은 항상 수분이 많은 쪽에서 적은 쪽으로 이동한다. 뿌리 안은 당糖을 포함하여 여러 가지 물질들이 녹아 있어 흙과 비교하면 상대적으로 물이 적다. 그러다 보니 물은 흙에서 뿌리로 이동한다. 잎에는 뿌리보다 더 많은 당糖이 있기 때문에 물이 더 적다. 따라서 물은 뿌리에서 줄기를 타고 잎까지 이동한다. 해가 쨍쨍한 날이나 바람이 많이 부는 날의 대기는 수분의 양이 적어서 잎에 있는 물은 기공을 통해 나간다.

덥고 건조한 날 나무 밑에 들어가면 시원함이 느껴지는데 이는 엄청난 증산이 일어나고 있음을 뜻한다. 증산의 양은 어마어마하다. 16미터 높이의 단풍나무는 한 시간에 220리터의 물을 증산할 수 있다. 온대지방에 있는 숲에서 넓은 잎을 가진 나무들은 하루에 4,047제곱미터 넓이의 구역에서 3만 리터를 증산한다. 평균 크기의 토마토는 자라는 시기에 약 115리터의 물을 증산하고, 옥수수는 210리터를 증산한다. 이 많은 양의 물은 비나 급수를 통해서 공급해야 하는 것이다.

증산이 낭비의 과정으로 보일 수도 있지만 광합성을 하기 위해 기공으로 이산화탄소를 흡수하려면 이런 손실은 피할 수 없다. 증산은 중력에 반해서 많은 양의 물을 뿌리에서 잎으로 이동시키면서 땅속에 있는 무기물까지 식물 전체에 옮겨주는 역할을 한다. 거기다가 증산으로 잎의 열도 식힐 수 있다.

식물은 아무 대책 없이 물을 잃어버리지 않는다. 뿌리에서 흡수하는 물이 떨어지면 식물은 잎에 있는 기공을 닫는다. 어떤 식물은 증산을 줄이기 위해 표피에 털을 갖고 있기도 하고, 기공이 잎의 안쪽으로 들어간 경우도 있으며, 잎을 오므려서 기공을 덮는 경우도 있다.

환경은 증산에 많은 영향을 준다. 낮 시간의 높은 온도는 물의 손실을 크게 한다. 그래서 많은 종류의 사막식물은 밤에 기공을 열어 문제를 해결한다. 대기 중의 습도가 낮을 때에는 수증기로 포화된 잎과 대기 간의 수분의 양 차이가 뚜렷해 증산이 늘어나서 잎이 빨리 시든다. 바람이 약간 부는 날에도 공기의 흐름은 기공에 있는 수분을 빼앗아간다. 바람이 강해 잎이 심하게 흔들리면 기공은 닫히고 증산은 멈춘다.

토양에서 뿌리, 줄기, 잎, 대기로 이어지는 물의 연속성은 식물을 땅에서 뽑는다든지 줄기를 잘라버리면 끊어진다. 따라서 식물을 옮길 때 물을 빨리 공급하는 것이 중요하다. 줄기를 자를 때에는 절단한 줄기 끝에서 물을 빨아올리는 힘으로 공기를 흡입하는 음압이 걸리기 때문에 공기가 줄기 속으로 들어가 물관을 막게 된다. 그래서 꽃줄기를 자를 때에는 원하는 길이보다 길게 자른 뒤 물속에 담근 채 길이 조정을 하고 빨리 화병 안에 넣어야 꽃이 시드는 것을 막을 수 있다.

저온 경화

겨울에 낙엽이 지면 물의 이동은 멈추고, 세포 속에 남아 있던 물은 얼면서 팽창하여 세포막을 파괴한다. 따라서 식물은 이에 대비하기 위해 원형질에 자당 蔗糖을 축적함으로써 저온 경화를 하게 된다. 자당이 얼음 형성을 막기 때문이다. 온도가 냉해를 줄 정도로 낮아지면 세포막의 구조와 지질 성분이 변해 물에 대한 세포막의 투과도가 달라지고 세포 속의 물이 세포벽 쪽으로 나가서 얼기 때문에 원형질에 해를 주지 않는다. 나무는 겨울에 이런 방법으로 냉해를 피할 수 있다.

세포막을 통한 물, 분자, 이온의 통과

세포질 안에서 생체분자(단백질, 핵산 따위)나 이온 등은 확산의 형태로 이동한다. 확산은 분자들이 농도가 높은 쪽에서 낮은 쪽으로 전체 농도가 같아질 때까지 이동하는 현상이다[그림 4-9].

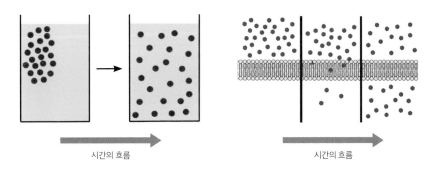

시간의 흐름   시간의 흐름

그림 4-9 확산에 따른 분자들의 이동

세포 수준에서 보면 물질은 세포막 사이를 통과해야 한다. 어떤 물질이 세포막 사이를 통과할 수 있는가의 여부는 다음과 같은 점들에 따라 결정된다.

• 통과하려는 물질의 화학적 구조, 크기, 소수성과 친수성 여부

앞서 세포막의 구조에서 보았듯이 크기가 작은 분자는 크기가 큰 분자보다 세포막을 통과하기 쉽다. 항체 같은 거대한 분자는 어림없다. 세포막은 이중지질로 되어 있기 때문에 물을 싫어하는(소수성) 분자는 잘 통과하고 물을 좋아하는(친수성) 분자는 통과하기 힘들다. 따라서 물질의 이동에 관여하는 막단백질이 필요하다.

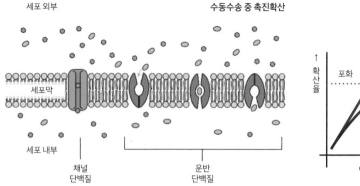

세포 외부

수동수송 중 촉진확산

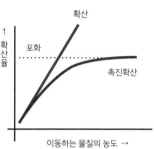

세포막

확산

포화

확산율 ↑

촉진확산

세포 내부

채널
단백질

운반
단백질

이동하는 물질의 농도 →

그림 4-10 촉진확산

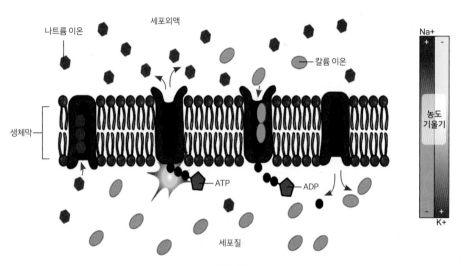

나트륨 이온

세포외액

칼륨 이온

Na+

+   -

생체막

농도
기울기

ATP

ADP

-          +

K+

세포질

그림 4-11 능동수송

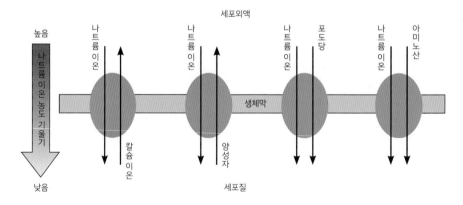

세포외액

높음

나트륨이온

나트륨이온

나트륨이온

포도당

나트륨이온

아미노산

나
트
륨
이
온
농
도
기
울
기

생체막

칼슘이온

양성자

낮음

세포질

그림 4-12 이차 능동수송

• 막 안과 밖의 물질 농도

만약 어떤 물질이 막을 자유롭게 지나다닐 수 있다면 물질의 이동 방향은 막 안과 밖의 농도 차이에 따라 결정된다. 곧 농도가 높은 곳에서 낮은 곳으로 이동한다. 이 과정은 양쪽의 농도가 같아질 때까지 계속되며, 이를 단순확산simple diffusion이라고 부른다.

• 수송 단백질의 존재 여부

막에 있는 수송 단백질은 어떤 면에서는 효소와 비슷한 성질이 있어 물질의 수송량은 물질의 농도가 높아질수록 포화하는 경향이 있다(그림 4-1)에서 붉은 선으로 표시한 촉진확산 그래프는 포화되는 선을 잘 보여주고 있다. 효소도 기질의 농도가 높아지면 반응은 포화한다). 수송 단백질에는 채널 단백질과 운반 단백질이 있는데, 채널 단백질에서 물질의 이동은 물질의 크기, 전하량, 채널 단백질 입구의 전하 상태에 따라 결정되고, 운반 단백질은 물질의 모양에 따라 좌우된다.

채널 단백질과 운반 단백질에 의한 수송은 농도 기울기에 순응해서 이루어지기 때문에 촉진확산facilitated diffusion이라고 부른다. 이는 수동수송의 일종이다(그림 4-1). 반면에 어떤 물질은 에너지ATP를 써서 농도 기울기에 역행하여 수송 단백질을 통해 이동하는 경우가 있는데 이를 능동수송이라고 부른다(그림 4-1). 그림에서 예로 든 것은 나트륨-칼륨 펌프로, 나트륨 이온의 농도는 세포 밖이 세포 안보다 높고 칼륨 이온의 농도는 세포 밖이 세포 안보다 낮다.

생체에서는 이러한 기울기를 유지해야 하는데, 나트륨 이온과 칼륨 이온은 농도 기울기에 순행하여 수송 단백질을 통해 세포막을 통과하기 때문에 화학적 평형으로 간다. 화학적 평형이 계속된다는 것은 세포의 죽음을 의미하므로 에너지ATP를 써서 나트륨-칼륨의 기울기를 유지한다. 이렇게 형성된 농도 기울기에 따라 세포막을 통과하기 힘든 다른 이온이나 분자를 수송하는 현상을 이차 능동수송이라고 한다[그림 4-12]. ATP를 써서 능동수송을 통해 양성자에 대한 농도 기울기를 형성하고(세포 밖의 양성자 농도가 세포 안보다 높다), 세포 밖에 있는 자당 분자는 이차 능동수송을 통해 양성자와 함께 세포 안으로 들여보낼 수 있다. 세포막을 경계로 한 이온(양성자)의 농도 기울기는 일을 할 수 있는 일종의 에너지라고 생각하면 된다.[3]

빛
_식물의 형태를 정하고
먹을 것을 만든다

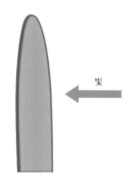

빛

그림 4-13 빛이 줄기를 통과하면서 빛에 대한 기울기가 생긴다.

잘 알다시피 빛은 지구상의 생명체에 없어서는 안 될 환경요소 가운데 하나이다. 식물은 빛을 이용해 탄수화물을 만드는 일차 생산자이기 때문에 결국 빛은 생명에 있어 핵심적인 요소이다.

식물은 태양빛을 향하여 경쟁하면서 자란다. 따라서 식물을 빽빽하게 심으면 여유 있게 심은 것보다 키가 더 크는 것을 발견할 수 있다. 그뿐만 아니라 빛은 식물의 성장 방향을 정하고 발아 시기와 개화 시기에 영향을 준다. 빛은 식물의 전 생애를 통해, 곧 발아에서 어린싹의 발

---

3) 이 에너지를 전기화학적 기울기(electrochemical gradient)라고 부른다.

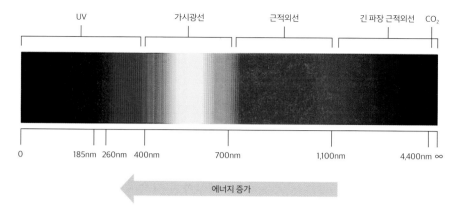

그림 4-14 연속스펙트럼(보라 380nm, 파랑 400nm, 초록 480nm, 노랑 550nm, 주황 630nm, 빨강 700nm)

달, 개화, 노화에 이르기까지 영향을 준다.

식물은 성질에 따라서 잎의 모양이 다르다. 햇빛을 좋아하는 양지식물(옥수수, 사탕수수, 과수류)은 잎이 두껍고, 잎 앞뒷면의 색이 비슷하다. 그늘을 좋아하는 음지식물(고무나무, 군자란, 행운목)이나 실내에서 키우는 관엽식물은 약한 빛을 많이 흡수하기 위해서 잎이 넓고 잎 앞뒷면의 색이 뚜렷이 다르다. 잎의 앞면은 뒷면보다 엽록소가 많아 색이 더 짙다.

빛은 또한 환경에 관한 세 가지 정보를 제공한다. 첫 번째는 방향(더 정확히 말하면 빛에 대한 기울기)이다[그림 4-13]. 빛의 방향은 잎을 빛이 오는 쪽으로 이동시켜 광합성을 하기에 더 좋은 상태로 만들어준다. 두 번째는 빛을 비추는 시간의 길이다. 곧 낮의 길이다. 식물은 낮의 길이를 인지하여 계절을 안다. 세 번째는 빛의 성질(파장)이다. 태양빛은 여러 가지의 파장으로 이루어진 빛들의 총합이다. 식물이 가지고 있는 광수용체나 2차 대사물은 특정한 파장의 빛을 흡수한다. 그런데 여기서 몇 가지 기본적인 개념을 짚고 갈 것이 있다.

스펙트럼spectrum은 흔히 빛을 프리즘 같은 도구로 색깔에 따라 분해한 것을 말한다. 넓은 의미로, 어떤 복합적인 신호를 가진 것을 한두 가지 신호에 따라 분

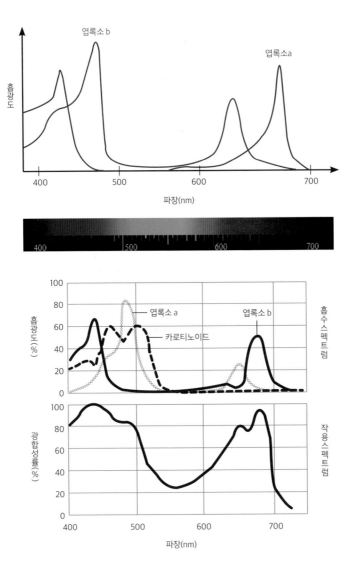

그림 4-15 엽록소의 흡수스펙트럼과 광합성의 작용스펙트럼

해해서 표시하는 기술이다. 태양광선이나 백열전구의 빛을 분광기(프리즘)에 통과시키면 연속된 스펙트럼을 얻을 수 있는데 이를 연속스펙트럼이라고 한다[그림 4-14].

연속스펙트럼을 갖는 빛을 어떤 물체에 통과시키면 연속스펙트럼의 일부가 흡수되는데 이를 흡수스펙트럼이라고 한다[그림 4-15]. 곧 빛의 파장에 따른 색소의 흡수율을 나타낸 것이다. 따라서 흡수되는 빛의 파장은 물질(색소)의 고유한 성질이다.

　　작용스펙트럼은 빛의 파장에 따른 생리적 반응의 정도를 나타낸 그래프이다[그림 4-15]. 흡수스펙트럼은 하나의 식물이라 하더라도 포함되어 있는 색소의 종류에 따라 각각 다르게 나타나며, 작용스펙트럼은 개체 전체에 대해 나타나는 값이다. 따라서 어느 생리적인 반응에 대한 작용스펙트럼이, 알지 못하는 색소나 광수용체의 흡수스펙트럼과 일치하면 그 생리적인 반응은 색소나 광수용체가 최대로 흡수하는 파장에서 일어난다는 것을 알 수 있다.

　　엽록소는 청자색광(430~460나노미터)과 적색광(550~630나노미터)을 흡수하고, 녹색광(500~550나노미터)은 대부분 반사하거나 투과한다. 그런데 작용스펙트럼

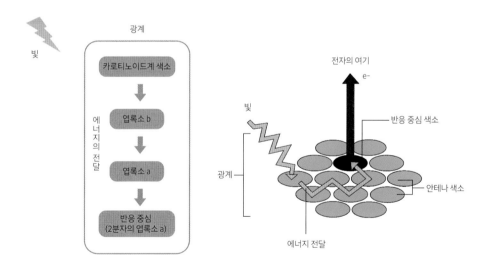

그림 4-16 광계와 빛에너지의 전달

을 보면 청자색광과 적색광에서 광합성이 가장 활발하게 일어난다.

식물의 잎에는 카로티노이드계 색소가 있는데 이 색소는 엽록소가 흡수하지 않는 파장의 빛을 흡수하여 광합성의 명반응에 작용하는 중심 엽록소 색소 a에 전달한다. 여기서 광합성 명반응에 관계하는 광계photosystem를 알아보면, 광계란 엽록소를 비롯한 광합성 색소들이 엽록체 틸라코이드 막에서 단백질과 결합한 복합체이다. 두 분자의 엽록소 a로 된 중심 색소 외에, 흡수한 빛에너지를 중심 색소로 전달하는 안테나 색소(엽록소 a와 b)가 있다[그림 4-16]. 식물에는 680나노미터 빛을 흡수하는 광계 II와 700나노미터 빛을 흡수하는 광계 I을 갖고 있다.

중심 색소의 원자핵을 돌고 있는 전자를 여기勵起, excite시킬, 곧 들뜨게 할 정도의 에너지 양이 충족되어야만 전자는 높은 에너지 준위로 올라갈 수 있다. 빛은 파동과 입자의 성질을 모두 갖고 있는데 입자는 양자로서 일종의 에너지 보따리로 생각하면 된다. 빛의 에너지 보따리를 광양자 또는 광자라고 부른다.

광자가 전자를 때리면 전자는 에너지를 흡수해 기저 상태에서 돌던 전자가

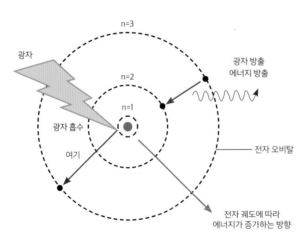

그림 4-17 보어의 모델을 이용한 전자의 여기와 기저 상태 전환

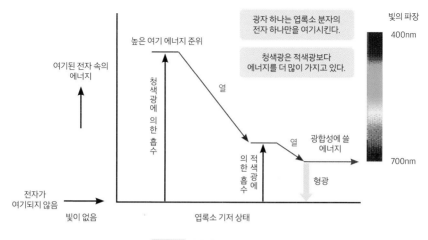

그림 4-18 빛의 흡수와 전자의 여기 상태

더 높은 에너지 레벨의 전자 궤도('오비탈'이라고 부른다)로 들뜨게 된다. 이때 원자는 화학적으로 불안정한 상태이기 때문에 여기된 전자는 에너지를 내놓으면서 다시 기저 상태로 돌아간다[그림 4-17]. 그리고 광합성에 이용될 수 있는 에너지, 손실로 계산되는 열, 흡수된 광자의 파장보다 더 긴 형광을 낸다[그림 4-18]. 색소에 의한 빛의 흡수는 100조 분의 1초 동안 일어나고, 광화학 반응은 1억~10억 분의 1초 동안 일어난다. 효소의 반응 속도와 비교하면 녹말을 분해하는 아밀라아제amylase는 반응당 55만 분의 1초 걸리고, 숙신산 탈수소효소succinate dehydrogenase는 0.05초 걸리므로 광화학 반응의 엄청난 속도를 알 수 있다.

빛의 세기

햇빛의 7퍼센트는 자외선이 차지한다. 자외선은 에너지가 높은 빛이기 때문에 이 에너지는 DNA에 돌연변이를 유발할 수 있다. 그 빈도는 10만 분의 1 정도이다. 옥신은 빛에 잘 분해되는 물질인데, 식물을 온실 안에서 키우면 비닐(또는 유리)에 강한 빛이 걸러져 야외에서 키우는 식물보다 옥신 파괴가 덜 되어 더 잘 자란다. 자외선을 강하게 받은 꽃은 자외선을 약하게 받은 꽃보다 더 선명하고 아름답다. 이는 분홍, 적색, 청색을 띠는 안토시아닌anthocyanin이라는 색소가 빛을 받으면 더 많이 생성되기 때문이다. 안토시아닌은 꽃가루를 옮겨주는 곤충들을 유인하기 위해 있는 것이다. 잎에 생성되는 안토시아닌은 자외선에 따른 피해를 막는다.

빛의 색깔

빛은 파장의 길이에 따라 그 색이 결정된다. 그리고 빛이 가지고 있는 에너지는 파장이 짧을수록 더 높다[그림 4-18]. 초록색 잎 속에는 여러 가지 색소들이 있는데 흡수하는 빛의 파장이 각각 다르다. 예를 들어 엽록소 a는 적색광(600~700나노미터)을, 엽록소 b는 청색광(400~500나노미터)을 흡수한다. 초록색 잎은 적색광과 청색광을 흡수하고 녹색광을 반사하기 때문에 잎이 초록색으로 보인다.

그림 4-15에서 작용스펙트럼을 볼 수 있는데 이는 작용(여기서는 광합성)을 일으키는 빛의 파장대를 보여준다. 색소의 흡수스펙트럼과 광합성의 작용스펙트럼의 일치 여부로 광합성이 관여하는 색소 분자를 규명할 수 있다. 광합성 보조색소들 중에서 카로티노이드계의 한 종류인 카로틴은 보라색광과 청색광만을 흡수하고 녹색광에서 적색광까지 모두 반사하기 때문에 노란색으로 보인다. 카로틴은 에너지가 높은 빛을 흡수하므로 과도한 빛으로부터 엽록소를 보호하고, 흡수한 에너지를 엽록소 a에 전달해 광합성을 돕는다. 음지식물은 카로티노이드가 없기 때문에 양지에서 살 수 없다.

식물에 존재하는 서로 다른 광수용체들은 각기 다른 파장의 빛을 흡수하고 다양한 생리적인 반응을 보인다.

밤과 낮의 길이

밤과 낮의 길이는 생식과 깊은 관련을 갖고 있어 개화 시기에 영향을 주는데 개화 시기는 종마다 다르다. 해바라기나 봉선화는 낮의 길이가 길어야 꽃이 피고 나팔꽃, 국화, 달리아는 낮의 길이가 짧아야 꽃이 핀다. 따라서 식물은 계절에 따라 변하는 낮의 길이(더 정확히 말해서 밤의 길이)를 계산한다(7장의 '식물은 밤과 낮, 계절을 어떻게 알까' 참고).

밤과 낮의 길이는 식물의 성을 결정하는 데 영향을 준다. 암꽃을 증가시키려면 단일短日 조건을 주든지 옥신 처리를 하면 되고, 수꽃을 증가시키려면 장일長日 조건을 주든지 지베렐린 처리를 하면 된다(옥신과 지베렐린은 식물호르몬이다. 자세한 것은 5장 참고).

광주기성photoperiodism은 식물이 낮과 밤의 길이에 반응하는 생리적인 현상으로 가너W. W. Garner와 알라드A. A. Allard가 1920년경에 발견했다. 식물의 많은 기능이 광주기의 영향을 받지만, 가장 크게 영향을 받는 것은 개화의 시작이다. 가너와 알라드는 식물이 하루 24시간 중 낮의 길이에 반응한다는 것을 보아 광주기성이라는 명칭을 붙였다. 나중에 밝혀진 일이지만 식물은 낮의 길이가 아니라 밤의 길이를 재는 것으로 판명되었다. 따라서 흔히 부르는 장일식물이나 단일식물이라는 명칭은 엄격히 말해서 단암식물이나 장암식물이라고 해야 맞지만, 편의상 용어를 바꾸지 않고 그대로 쓰고 있다.

속씨(현화)식물은 광주기의 요구 조건에 따라 단일식물, 장일식물, 중일식물로 나뉜다. 중일식물은 개화가 낮의 길이의 영향을 받지 않는 식물이다. 각 식물은 고유의 임계 광주기 또는 임계 일장을 갖고 있다. 단일식물은 임계 광주기보다 짧게 빛을 비추어야 꽃이 피고 장일식물은 임계 광주기보다 길게 빛을 비추어야 꽃이 핀다. 단일식물의 대표적인 예에는 국화가 있고 장일식물의 대표적인 예에는 안개꽃이 있다.

그러나 낮과 밤의 길이에 관계없이 식물이 꽃을 피우기 위해서는 꽃과 열매의 무게를 지탱하는 데 필요한 최소한의 식물 크기로 커야 하고, 발달하는 생식기관의 상당한 요구 사항을 충족시킬 수 있는 영양이 확보되어 있어야 한다. 식물이 그 같은 상태에 도달하면 광주기에 따라 개화가 유도될 수 있다. 여러해살이식물의 경우, 개화하기 위해서 1년 이상의 시간이 걸린다. 그러나 한해살이식물의 발아와 발달은 일년주기의 1년 중 초반에 완료되어야 하는데 이는 개화를 유도하기 위한 임계 광주기에 맞추기 위해서이다.

대부분의 식물은 잎을 생산하는 정단분열조직을 꽃을 생산하기 위한 조직으로 바꾸기 위해 여러 날의 광유도가 필요하다. 일단 정단분열조직이 꽃을 만들기 시작하면 잎은 더 이상 만들지 않게 된다. 광유도가 시작되면 꽃을 피우는 호르몬(플로리겐)이 잎에서 만들어져 정단분열조직으로 이동한다.

빛의 방향

식물은 햇빛을 두고 경쟁하는데 잎의 각도와 운동으로 빛의 흡수량을 조절한다. 태양으로 유도되는 잎의 운동을 향일성heliotropism이라고 한다. 식물은 잎몸(엽신)이 빛이 오는 방향과 수직을 이룰 때 빛을 제일 많이 받는다. 날이 가문 경우에는 빛을 피해야 하기 때문에 잎몸을 빛이 오는 방향과 평행이 되도록 움직인다.

빛이 오는 방향으로 식물의 성장 방향이 바뀌는 현상을 굴광성phototropism이라고 한다. 줄기는 빛이 오는 방향으로 구부러져 양성 굴광성을 보인다고 하고, 뿌리는 빛이 오는 방향과 반대 방향으로 구부러져 음성 굴광성을 보인다고 한다. 굴광성은 청색광과 옥신이 관여하는데 그 내용은 7장에서 보기로 한다.

온도
_씨를 깨우고 성장시킨다

수천 년 동안 지금까지 하루 길이의 변화는 하늘에서 태양이 변하는 위치만큼 규칙적이다. 온대지방에서는 겨울의 냉기가 매년 온다. 이러한 일관된 사건들은 식물의 적응에 이상적인 조건으로 작용하여 세포 내부의 과정을 작동시키는 외부 신호로 기능한다. 식물은 생존하는 데 불리한 환경에 대비하기 위해 휴면dormancy을 한다. 그러나 그와 동시에 생식주기의 첫 번째 단계를 시작한다.

겨울 휴면 기간 중 식물의 신진대사는 화학작용이 느려지게 하는 낮은 온도 때문에 결국 부분적으로 멈추게 된다. 식물학자들은 겨울 동안 몇 가지 중요한 생리적 과정이 일어나고 그러한 과정들이 실제로 온도가 낮아짐에 따라 일어난다는 것에 놀랐다. 예를 들어 겨울 휴면기에는 따뜻한 봄날에 잠에서 깰 준비를 하기 위해 낮은 기온이 요구된다. 낮은 기온은 발아를 촉진하는 지베렐린 생합성을 자극하는 것으로 생각된다.

대부분 휴면을 극복하기 위해서는 수일 또는 수개월 동안 섭씨 10도 이하로 노출되는 것이 필요할 수 있다. 사과 같은 경우는 섭씨 7도에서 씨를 1,000~1,400시간 동안 두어야 발아한다. 이러한 발아 조건은 일부 종이 서늘한 지역에 분포하게 하는 이유가 된다. 그러나 온대지방에 사는 일부 종은 오로지 짧은 시간의 냉기가 필요하다. 또는 냉기 처리가 필요 없는 식물도 있다. 저온에 있어 보지 않은 라일락의 가지는 꽃이 피지 않는다.

봄이 되기 전에 식물이 휴면에서 깨지 않는 것이 중요한데, 이는 새로 난 잎과 꽃이 서리에 아주 약하기 때문이다. 많은 식물 종은 휴면기가 정확한 시기에 끝나는 것을 보장받기 위해 낮은 온도의 기간이 필요하고, 그다음으로 겨울에 낮보다 밤의 길이가 더 긴 기간이 필요하다. 이러한 환경 조건은 아마도 눈비늘(나중에 꽃이나 잎이 될 부분을 보호하는 비늘 조각, '아린'이라고도 한다.) 안에 있는 미묘한 시간 체계에 의해 인식될 것이다.

대부분의 식물은 봄에 꽃이 피기 때문에 잎보다 꽃이 더 잘 보여서 곤충이 수분과 번식 과정을 일찍 시작하게 된다. 꽃봉오리는 하루 길이가 단축되는 것에 대한 응답으로 전년도 후반기의 휴면 전에 우발적으로 생긴다. 낮아진 온도가 꽃의 발달을 촉진하는 상황은 비늘줄기(인경)에서 자라는 많은 종에서 발견된다. 예를 들어 가을에는 튤립 구근에 어린 꽃눈flower bud이 들어 있다. 그러나 봄에 꽃이 필 때까지 발달을 끝내기 위해서 구근은 13~14주 동안 섭씨 10도 정도에 있어야 한다. 기온이 따뜻해지면 잎과 줄기의 발달과 개화가 촉진된다. 온대 지방에서는 겨울에 땅이 차가워져 휴면기관dormant organ이 토양 속에서 겨울을 나는 동안 필요한 온도 변화가 일어난다. 그러나 따뜻한 지역에서 튤립 구근은 매년 가을에 캐내며, 개화를 보장하기 위해 냉장한다. 히아신스, 수선화, 양파도 튤립과 비슷하다.

일부 종에서는 식물의 싹 또는 씨를 일정 기간 동안 저온으로 처리한 후 파종하여 봄에 꽃을 피운다. 이를 춘화처리vernalization 또는 stratification라고 한다. 춘화처리는 추운 토양에서 겨울을 나게 하기 위해 가을에 파종해야 하는 호밀, 밀 및 기타 곡물 같은 특정 겨울 품종에서 먼저 알려졌다. 이런 곡물들은 발아해서 어린싹의 상태로 겨울을 난다. 춘화처리를 한 호밀은 어린 식물이 자란 지 7주 만에 꽃을 형성하지만, 춘화처리를 하지 않은 호밀은 꽃이 피기까지 14~18주가 걸린다. 이 같은 개화 시기의 지연은 여름이 끝날 때까지 생식주기를 끝마치지 못하게 만든다. 난의 씨는 4도에서 20~30일을 두어야 발아를 한다. 이는 '겨울

그림 4-19 추태

이 추워야 풍년이 든다', '매화는 얼어야 꽃이 핀다'라는 옛말과 관련이 있는 듯하다.

많은 이년생 식물은 2년의 생애주기에 꽃을 생산하기 위해 춘화처리가 필요하다. 양배추, 브뤼셀 콩나물, 당근, 셀러리, 쑥갓이 여기에 속한다. 대부분의 경우 채소는, 예를 들어 양배추는 단단한 머리 또는 로제트rosette 잎(짧은 줄기의 끝에서부터 땅에 붙어서 사방으로 나는 잎)의 형태로 성장하는 첫 해가 끝날 때 수확한다. 그러나 수확하지 않고 겨울을 나게 하면 양배추는 갑자기 줄기가 나와 봄 늦게 꽃을 피운다. 이렇게 갑자기 줄기가 나는 현상을 추태bolting라고 부른다[그림 4-19].

봄철에 높아진 기온과 길어진 낮은 추태 현상을 특징짓는 급격한 마디사이(절간)의 신장과 줄기 상단의 꽃의 발생을 촉진한다. 이러한 조건은 로제트 형태로 남아 꽃이 피지 않는, 춘화처리가 안 된 식물에 아무런 영향을 미치지 않는다. 춘화처리를 하는 동안 지베렐린이 생산된다고 생각되는데 이는 춘화처리가 안 된 식물에 지베렐린을 처리하면 추태 현상이 일어나기 때문이다.

온도는 식물의 모든 반응을 조절한다. 지상의 식물은 일반적으로 섭씨 4.5~36도에서 살아간다. 그리고 일교차가 완만한 지역에서 식물이 많이 자란다. 작물의 성장은 벼와 밀 같은 종을 제외하고는 일교차가 있을 때 잘 자란다. 옥신을 연구한 벤트Fritz Went는 야간의 온도가 주간의 온도보다 낮을 때 식물 성장이 촉진된다고 보고했다.

온실에서 농사를 짓는 사람들은 일교차를 이용하여 식물의 크기를 조절한다. 이렇게 인위적으로 일교차를 조정하면 비싼 식물 성장 호르몬과 노동력을 더 적게 쓸 수 있는 장점이 있다. 이런 온실 테크닉을 DIFday/night differential라고 부르는데, 이는 낮의 온도에서 밤의 온도를 뺀 값이다. DIF가 양수이면 식물은 정상적으로 크지만, 음수이면 신장을 감소시킨다. 밤의 온도가 높을수록 그리고 낮의 온도가 낮을수록 식물의 키는 짧아진다.

외부 온도가 올라가면 식물은 증산작용으로 내부 온도를 유지한다. 이는 우리가 땀을 내는 것이나 개가 더울 때 혓바닥을 내미는 것과 같은 이치이다. 그렇다면 온도가 아주 높으면서 건조한 지역에 사는 식물은 어떻게 살아갈까?

우선 물의 손실을 막을 수 있게 변해야 한다. 고온에 잘 적응하는 식물의 특징은 두꺼운 수피樹皮와 각피角皮가 발달되어 있고, 잎 표면에는 백색 가루나 죽은 털이 나 있다. 사막지대에 사는 선인장은 부드럽고 푹신한 솜털로 줄기를 감싼다. 술통 선인장의 잎은 가시로 변했다[그림 4-20]. 가시는 물을 덜 잃게 할 뿐만 아니라 초식동물로부터 보호 받을 수 있게 한다. 이런 식물은 줄기에서 광합성을 한다.

용설란, 홍옥, 알로에 같은 식물을 다육식물이라 부르는데 이들은 퉁퉁한 잎속에 물을 저장한다[그림 4-20]. 용설란은 긴 뿌리를 가지고 있어 사막 깊은 곳에서 물을 찾는다. 사막 고구마는 식물의 밑부분에 물을 저장하며 비가 오는 절기에만 잎을 만들고 건조할 때는 가는 잎으로 살아간다. 제옥은 영어 이름을 말 그대로 옮기면 '갈라진 바위(split rock, 돌식물 또는 살아 있는 돌)'이며, 물을 저장하고 광

<table>
<tr><td>술통 선인장</td><td>용설란</td><td>사막 고구마</td><td rowspan="2">변경주</td></tr>
<tr><td>홍옥</td><td>알로에</td><td>제옥</td></tr>
</table>

그림 4-20 사막에 사는 식물들

합성을 할 수 있도록 돌처럼 생긴 표면 밑에 줄기가 있다.

기온이 많이 떨어지면 식물은 어는 것에 대비를 한다. 물이 세포 안에서 어는 것을 막기 위해 뿌리에서는 물의 흡수를 멈춘다. 수분은 잎의 기공으로도 발산한다. 날이 추워지면 아브시스산(abscisic acid, '앱시스산'이라고도 한다), 플로린 proline, 이온이 세포 속에 축적되어 어는점을 더 낮춘다. 높은 온도는 식물의 꽃눈에 영향을 주고 꽃가루관(화분관) 신장을 억제한다.

무기영양
_생명체에 꼭 필요한 원소

식물은 생장하기 위해서 무기원소가 필요하다. 식물 생리학자들은 식물에 필요한 무기원소를 대량영양소macronutrient와 미량영양소micronutrient로 구분한다. 대량영양소는 많은 양을 필요로 하는 것이고 미량영양소는 대량영양소보다 적게 필요로 하는 것인데, 경우에 따라 미량영양소는 비료에 아주 조금 넣거나 흐르는 물에 녹여서 주기도 한다.

- 대량영양소: 탄소, 수소, 산소, 질소, 인, 칼륨, 황, 칼슘
- 미량영양소: 마그네슘, 철, 구리, 아연, 망간, 몰리브덴, 붕소

위에는 없지만 어떤 식물은 미량의 염소, 알루미늄, 나트륨, 규소, 코발트를 필요로 한다.

탄소, 수소, 산소 등은 물과 공기에서 오고 나머지는 지구의 암석에서 온다. 지구상의 암석이 천천히 침식되면서 토양 안으로 들어가고 결국 물에 녹아 들어간다.

각 무기원소는 고유한 생화학적 기능을 갖고 있는데, 어떤 미량영양소는 너무 극소량을 필요로 해서 생화학적 기능을 알기가 힘들다. 생화학적 기능에 대한 단서는 각 원소가 결핍했을 때 나타나는 식물의 증상으로 얻을 수 있다. 예를 들어 철과 마그네슘이 결핍하면 엽록소를 합성하지 못하기 때문에 잎이 노랗게 된다. 마그네슘은 엽록소 안에 들어가는 원소이고, 철은 색소를 합성하는 데 필요하다.

질소는 엽록소, DNA, 아미노산, 2차 대사물(알칼로이드)에 들어가는 원소이다. 아미노산은 단백질을 구성하는 화학적 단위로 단백질은 세포막, 염색체, 효소들을 만드는 데 이용된다. 따라서 질소가 결핍하면 잎이 노랗게 될 뿐 아니라 성장에 문제가 생긴다. 완두나 콩과식물은 질소를 갖는 물질을 질소고정을 통해 만든다. 질소고정이란 대기에 있는 질소 기체 분자를 고체 형태로 만드는 것을

말한다.

질소를 고정하는 식물은 질소를 고체 형태로 만들 수 있는 박테리아에 의존한다. 식물은 집주인이고 박테리아는 세를 들어 사는 생물로 비유할 수 있다. 박테리아는 식물 뿌리에 혹을 만들어 번식하는데, 식물은 박테리아가 필요로 하는 당糖과 다른 물질들을 이 혹으로 공급한다. 박테리아가 갖고 있는 니트로게나제 nitrogenase는 질소를 고정한다. 니트로게나제는 산소에 의해 활성을 잃기 때문에 산소가 없는 환경이 필요하다. 그래서 식물은 레그헤모글로빈 leghemoglobin 이라는 단백질을 만들어 산소와 결합해 니트로게나제가 활성을 잃지 않도록 환경을 조성하면서 동시에 박테리아가 호흡할 수 있을 정도의 산소를 제공한다. 우리의 적혈구 속에 있는 헤모글로빈이 붉은색인 것처럼 레그헤모글로빈도 산소와 만나면 붉은색을 띤다.

황은 질소와 마찬가지로 2개의 아미노산(시스테인과 메싸이오닌)의 구성 원소이다. 황의 결핍 현상은 잎이 노랗게 되는 것이라는 점에서 질소 결핍과 비슷하지만, 어린잎에서 일어난다. 그 이유는 황이 식물 안에 있으면 질소처럼 이동을 할 수 없기 때문이다.

인이 결핍하면 세포의 발달을 막아 성장을 못 한다. 인은 세포막의 구성요소 가운데 하나인 인지질, 에너지 물질인 ATP, 유전암호의 단위인 DNA의 구성성분이다. 그 외에도 인은 복잡한 분자구조의 구성요소로 작용한다.

칼슘, 붕소, 규소는 세포벽을 구조적으로 강하게 만든다. 붕소는 세포벽에 있는 화합물을 붙드는 일종의 접착제 기능을 하고, 곤충을 물리치는 천연살충제 역할도 한다. 칼슘은 세포벽의 펙틴을 연결하는 원소로서 분열조직에서 조직 형성에 필요하다. 또 세포벽과 세포막을 강화시키는 역할 외에 세포 안에서는 외부의 신호를 전달하는 2차 전달자로 기능한다.

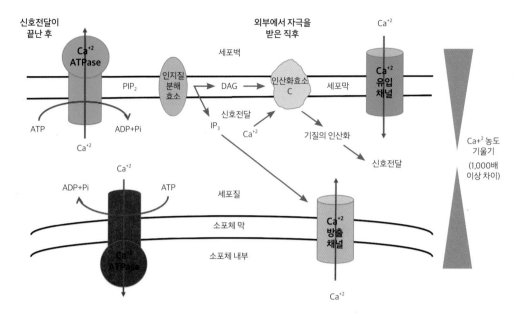

칼슘 이온(Ca²⁺)의 신호전달. PIP₂는 인지질의 일종, PLC는 포스폴리페이스 C, PRC는 인산화효소 C, IP₃은 이노시톨 삼인산, DAG는 디아실글리세롤을 가리킨다. 여기서 IP₃와 Ca²⁺은 2차 전달자 역할을 한다.

세포 안의 칼슘 농도는 매우 낮은 상태로 유지되는데 이는 고농도의 칼슘이 세포 안에서 다른 물질과 불용성 침전물을 만들어 해롭기 때문이다. 그런데 칼슘은 세포벽이나 액포, 소포체 안에서는 고농도로 존재한다. 세포가 외부로부터 호르몬이나 스트레스 자극을 받으면 세포막에서 신호전달 물질(이노시톨 삼인산, IP₃)이 만들어져 세포막과 액포막, 소포체막에 있는 칼슘 채널channel을 자극해 칼슘을 세포질 안으로 들여보낸다. 이 칼슘 농도의 증가로 세포질 안에 있는 단백질이 활성화되어 신호전달이 이루어지고 세포의 활동을 돕는다. 활동이 끝나면 칼슘은 다시 막에 있는 칼슘-에이티피아제Ca²⁺-ATPase에 의해 칼슘 농도에 역행하여 세포질 밖으로 내보내진다. 칼슘이 결핍하면 줄기나 뿌리 끝, 잎의 가장자리에 있는 세포들이 빨리 죽는다[그림 4-21].

칼륨, 구리, 철, 마그네슘, 몰리브덴, 니켈, 아연, 망간 같은 금속원소의 기능

| 토마토 | 단풍나무 | 대두 식물 |

그림 4-22 잎맥 간 위황의 예

은 아주 모호해서 결핍 증상을 관찰하기 힘들다. 그러나 연구를 통해 이런 금속 원소는 대사과정을 제어하는 효소들의 촉진 원소로서 특별히 중요하다는 것이 밝혀졌다. 이 원소들이 반응에서 화합물 간에 전자를 붙이고 떼어내는 역할을 하기 때문이다. 금속원소 자신은 전자를 주고받으면서 전하 상태를 바꾼다. 그러나 많은 종류의 중금속은 식물과 우리한테 해롭다.

금속 영양분은 때로 물에 녹지 않는다. 철을 공급하기 위해 철로 된 못을 땅에 박아 천천히 녹슬게 하는 것을 볼 수 있는데, 이는 철을 제공하기에 그렇게 좋은 방법이 아니다. 철 이온은 착화합물의 형태로 공급한다. 철의 착화합물은 Fe-EDTA이다. 착화합물을 만드는 물질은 금속원소 하나하나와 결합하여 물에 잘 녹게 만들어준다.

철, 마그네슘, 망간, 몰리브덴의 결핍 증상은 잎을 이상한 모양으로 만든다. 잎맥은 초록색이면서 잎맥 사이의 몸이 노랗게 변한다. 이를 잎맥 간 위황이라 부른다[그림 4-22]. 진달래와 같이 산성 토양을 좋아하는 식물을 염기성 토양에 심는다든지 그 식물 주위에 콘크리트를 깔면 잎맥 간 위황 현상을 볼 수 있다. 콘크

그림 4-23 알루미늄 이온의 양에 따른 수국의 꽃 색깔

리트에 있는 석회 성분이 토양으로 스며들어 흙의 염기도를 높여서 산성 토양을 좋아하는 식물의 철 흡수를 방해하기 때문이다. 그러나 대부분의 잎맥 간 위황은 철의 결핍으로 일어나지 않고 과다한 인 때문에 일어난다.

칼륨, 염소, 나트륨은 식물체에 자유롭게 드나들면서 식물세포 간 그리고 식물체 안의 물의 이동에 영향을 준다. 이런 관점에서 칼륨이 제일 중요하다. 칼륨은 기공을 열고 닫는 데 부분적으로 관여한다. 또한 칼륨은 세포막에서 물의 이동에 관여하여 세포의 팽팽한 정도를 결정한다. 염소는 물의 이동을 조절하는 데 아주 극소량이 필요하다. 선인장과 다육식물의 경우, 나트륨은 칼륨을 대신할 수 있다. 나트륨과 칼륨은 크기와 전하량 면에서 아주 비슷하기 때문이다. 바닷가에서 높은 염분에 적응된 식물을 다른 환경으로 옮기면 나트륨 결핍 현상이 나타날 수 있다.

코발트는 질소고정에 필요한 원소이고 셀레늄은 자운영 같은 식물에서만 필요한 특수한 원소이다. 자운영은 셀레늄이 많은 곳에 자라면서 일종의 지시식물 역할을 한다. 셀레늄이 들어 있는 식물은 풀을 먹는 동물에게 해롭다. 따라서 이런 식물은 셀레늄으로 자기를 보호할 수 있는 것이다.

알루미늄을 축적하는 수국도 흥미롭다. 아름다운 파란색 꽃은 알루미늄에 의한 것인데[그림 4-23], 알루미늄도 셀레늄처럼 동물에 해롭기 때문에 수국은 벌레로부터 손상을 잘 입지 않는다. 그리고 수국차를 마시면 신경에 이상이 생길 수 있다.[4]

미량영양소에 대한 결핍 증상은 식물마다 그리고 변하는 환경에 대한 반응마다 다르다. 따라서 그런 증상은 식물에서 일어나는 문제에 대해 무엇이 결핍되었는지 믿을 만한 척도로 쓸 수 없다. 더구나 식물이 건강하지 못한 이유는 물을 너무 많이 주었다든지, 흙에 염이 너무 많다든지, 공기의 오염이 심하다든지 또는 병을 일으키는 생물이 침입했다든지 하는 것일 수 있다. 때로는 토양에 무기원소가 많이 있어도 토양 조건에 따라 뿌리가 무기원소를 흡수하지 못할 수도 있다.

무기원소는 잎과 줄기가 땅에 떨어져 썩으면 흙으로 다시 돌아가 자연의 가장 중요한 순환 가운데 하나를 완성한다. 잎이 떨어지기 전에 질소, 칼륨, 마그네슘 같은 원소는 단백질, 엽록소 또는 다른 분자의 형태로 식물이 성장하고 있는 부위로 이동한다. 이 때문에 잎이 노화하여 노랗게 변하더라도 정원사들은 한동안 잎을 제거하지 않는다.

인이 부족해도 문제지만 너무 많아도 문제가 생긴다. 인 이온은 철 이온에 여러 영향을 주며, 식물이 철을 흡수하는 것을 방해한다. 철과 결합하여 물에 녹지 않는 인산철이 되기 때문이다. 인은 또한 뿌리와 근균류와의 공생관계를 방해한다. 토양에 인이 적지 않게 있다면 근균류는 뿌리에 침투하기가 힘들어진다. 인이 필요 이상으로 많다면 근균류는 전투 중에 행방불명된 병사와 같은 존재가 된

---

4) 수국은 국화의 일종으로 알칼로이드 성분이 있어서 우려 마시면 구토와 설사를 일으킬 수 있다. 또 자궁을 수축시키기 때문에 임산부는 피해야 한다.

다. 따라서 뿌리는 인이 적은 곳을 찾아 에너지를 더 소비하며 성장한다. 이런 이유로 인을 무조건 주는 것은 피해야 한다.

식물이 성장하는 동안 식물에 필요한 영양도 변하는데 질소, 인, 칼륨의 상대적인 필요량이 변한다. 영양성장의 초기 단계에서 줄기가 왕성하게 자라기 위해서는 질소가 많이 필요하지만, 뿌리가 만들어지기 위해서는 칼륨이 더 필요하다. 영양을 뿌리에 저장하는 뿌리작물의 성장을 촉진하기 위해서는 칼륨의 양이 질소의 양보다 많은 것이 좋다. 식물이 꽃을 피울 수 있는 단계가 되면 질소에 대한 칼륨과 인의 양이 많은 상태에서 생식기관의 발달을 촉진하게 된다. 질소가 많은 환경에서 어떤 식물은 대사에너지가 모두 줄기와 뿌리 성장에 쓰여, 충분히 성장을 해도 꽃을 피우지 못하는 경우가 있다.

질소, 인, 칼륨의 상대적 비율과 식물의 특정 기관의 발달과는 서로 관계가 있기 때문에 비료에는 질소-인-칼륨 비율이 명시되어 있다. 잔디를 비롯해 집에서 키우는 식물은 잎의 성장을 촉진하기 위해 질소의 상대적 양이 많은 20-5-5가 쓰이는 반면, 꽃을 피우든지 과일을 맺게 하기 위해서라면 0-10-10이 쓰인다. 뿌리작물은 2-12-10을 쓰고, 다목적 사용을 위한 것은 5-10-5가 쓰인다.

토양
_생명이 생겨나고 돌아가는 곳

토양은 식물의 뿌리가 자라는 곳이고 영양과 물, 산소를 제공하는 가장 중요한 환경 가운데 하나이다. 토양은 암석이 침식해서 생긴 무기물과 죽은 동식물이 부식하여 생긴 부식토로 이루어진다. 무기성분은 그 크기에 따라 사토(직경

0.02~2밀리미터), 미사토(직경 0.002~0.02밀리미터), 점토(직경 0.002밀리미터 미만)로 나눈다. 사토, 미사토, 점토의 혼합물을 양토 또는 옥토라고 하는데 사토 또는 부식토의 양이 많은 경우가 있다.

사토, 미사토, 점토의 구성 비율에 따라 그 흙의 수분 함유 능력이 결정된다. 수분 함유 능력이란 흙이 물에 최대한 젖고 나서 중력에 의해 남는 물이 빠져나갔을 때의 수분의 양을 말한다. 모래가 많은 흙은 물을 조금 갖고 있지만, 거기에 부식토를 더하면 수분 함유 능력이 증가한다. 이는 부식토의 유기물들 사이에 생긴 모세공간에 물이 있기 때문이다. 뿌리는 주로 이 모세공간에 있는 물을 흡수한다.

흙에 점토의 양이 많으면 물이 잘 빠지지 않는 문제가 생기는데 이는 점토에 있는 전하기 물 분자를 강하게 끌어당기기 때문이다. 자석의 반대되는 극끼리 끌어당기는 힘과 비견될 만큼 점토와 물 분자의 결합은 뿌리가 깰 수 없을 정도로 강하다. 따라서 점토에 있는 물은 식물이 이용할 수 없다.

점토가 많은 흙의 또 다른 문제는 다공성多孔性이 없다는 것이다. 이산화탄소와 다른 기체가 땅에서 나오고 산소가 들어가는 일은 매우 중요하지만, 점토의 빽빽한 구성은 흙과 대기 간의 공기 교환을 어렵게 만든다. 그래서 점토가 많은 흙에서는 물이 고이게 된다.

토양은 상대적 산성도 또는 염기도를 결정하는 복잡한 화학적 구성을 갖고 있다. 달리 말해서 토양의 구성성분은 피에이치pH[5]를 결정한다. pH는 1에서 14까지 있는데 숫자가 낮을수록 산성이 강하고 숫자가 높을수록 염기성이 강하

---

5) 피에이치(PH)는 수용액의 수소 이온 농도를 나타내는 지표로, 수소 이온의 해리 농도를 로그의 역수를 취해 값을 붙인다.

며 pH가 7이면 중성이다. 산성인 환경은 양성자가 많은 것을 의미한다. 대부분의 식물은 중성에 가까운 pH에서 잘 자란다. 그러나 고사리, 진달래, 동백나무는 pH가 4.5~5.5인 환경에서 잘 자라는 반면, 아스파라거스, 시금치, 선인장, 다육식물은 pH가 7.5인 토양을 좋아한다. 수국은 pH에 따라 꽃 색깔이 변하는데 산성 토양에서는 파란색을 띠지만 염기성 토양에서는 분홍빛을 띤다.

흙에 물이끼나 톱밥을 주면 황이나 유기물이 더해져 산성이 되고, 석회암과 같은 탄산칼슘을 주면 염기성이 된다. 공급하는 물속의 무기물의 양은 흙의 pH를 변화시키기 때문에 건조한 곳에서 물이 증발된 뒤 남아 있는 무기물이 문제를 일으킬 수 있다.

일반적으로 빗물은 땅에 있는 필요 이상의 무기물을 없애서 좋은 토양 환경을 만든다. 공장이 많은 지역에서는 공장 연기가 산성비를 만들어 땅의 성질을 바꾼다. 공해 성분 가운데 하나인 이산화황이 대기 중의 습기와 만나면 약한 황산이 비 형태로 땅에 떨어지므로 질소고정 박테리아와 숲에 있는 나무들에 피해를 준다.

흙의 산성도가 높아지면 흙에 있던 알루미늄, 망간, 철 등이 나오고 그 농도가 높아지면서 식물을 천천히 죽인다. 더구나 알루미늄 이온과 철 이온은 인산과 결합한 뒤 침전물을 만들어 뿌리의 칼슘 흡수를 방해하기 때문에 그 폐해가 커진다.

흙의 염기도가 높아지면 몰리브덴이 해로울 정도로 나온다. 그리고 염기성 토양에서는 칼슘, 망간, 철이 물에 녹지 않는 화합물로 변해서 뿌리가 흡수할 수 없게 된다. 따라서 염기성 토양에는 철을 EDTA나 EDDHA와 같은 착화합물의 형태로 준다.

물체에 의한 접촉
_건드리면 반응한다

식물은 이동할 수 없지만, 식물의 일부분은 부딪치는 물체에 대항해서 자라고 접촉에 반응한다. 뿌리가 바위 속에서 자란다든지, 가지 하나가 다른 가지와 마찰할 경우에는 식물에 해를 줄 수 있다. 나무껍질은 마찰에 따른 손상을 막기 위한 보호 장치라 할 수 있다. 덩굴손이 물체와 접촉하여 휘감는 것은 식물에 이롭다. 여러해살이식물인 파리지옥은 곤충이 잎에 있는 민감한 털을 건드리면 급히 닫아 곤충을 소화한다.

병원균과 초식동물
_식물에 항체는 없지만
면역반응은 있다

식물은 다른 생물의 공격을 인지하고 방어해야 한다. 동물에 밟히거나 씹힐 때 식물은 물리적인 손상을 입는다. 박테리아, 곰팡이, 곤충은 독소와 분해효소를 이용하여 화학적으로 공격한다.

식물은 적어도 두 가지의 인지 방법을 갖고 있다. 한 가지는 식물이 오로지 물리적인 손상을 입을 때 세포벽이 파괴되어 나온 파편을 식물 세포막에 있는 수용체가 인지하는 것이다. 이런 파편은 구조와 관계되는 패턴을 갖고 있어서 수용체와 결합하면 세포 안으로 신호가 전달된다. 다른 한 가지는 병원성 곰팡이나 박테리아가 식물을 공격할 때 소화효소로 식물의 세포벽을 파괴하는데, 여기서 나온 파편은 일정한 패턴을 갖고 있어서 식물이 인식할 수 있다. 또한 미생물만이 갖고 있는 화학물질을 식물이 인지할 수도 있다. 곰팡이의 세포벽에는 키틴chitin이라는 성분이 있는데, 식물은 키티나아제chitinase를 생성하여 키틴을 분해하고 키틴의 파편을 인식한다. 키틴의 파편은 너무 작아서 곰팡이보다 더 빠르게 세포막에 도착할 수 있다.

이런 작동 원리는 동물의 항원-항체 반응과 매우 유사하다. 곧 특정한 병원체는 특정한 식물의 수용체와 결합한다. 동물에도 항원의 패턴을 인식해 비슷한 특징을 가진 항원을 인식하는 수용체(톨-유사 수용체, Toll-like receptor)가 있다.

박테리아의 편모는 플라젤린flagellin이라는 단백질을 갖고 있는데 식물은 플라젤린과 결합할 수 있는 수용체를 갖고 있다.

5장

식물의
생리적
분자들

생명 현상은 화학 현상이라고 말할 수 있
다. 생체生體는 수많은 생체분자들을 이용하여 생존한다. 생체분자에는 대사에
관여하는 아미노산과 단백질, 지질, 탄수화물, 핵산, 조효소(비타민), 무기질과 보
조인자들이 있고 환경에 따른 자극을 처리하여 발현으로 이어주는 호르몬, 2차
대사물, 광수용체, 신호전달 분자(단백질 인산화효소, 단백질 탈인산화효소, IP$_3$ 등) 들
이 있다.

이 장에서는 식물에서 자극과 반응에 관여하는 생리적 분자들을 기능을 중
심으로 다루려고 한다. 신호전달 물질들의 생화학적·분자적 메커니즘은 부록 I
에서 다루었다.

식물호르몬
_식물에도 동물처럼 호르몬이 있다

호르몬hormone은 그리스어에서 '자극'이라는 뜻을 가진 호르마에인hormaein
에서 왔다. 호르몬은 멀리 있는 표적기관의 생화학과 행동을 조절하기 위해 분
비기관에서 분비되어 순환계를 통해 운반되는 신호 분자를 말한다. 식물에는 분
비기관과 표적기관이 따로 없고 순환계도 없기 때문에 식물호르몬은 동물에서
온 개념이다. 식물호르몬은 피토호르몬phytohormone 또는 식물 성장 물질plant
growth substance이라는 다른 이름으로 불리고 있으며, 식물에서 합성되어 생장
을 조절하는 신호물질로 정의 내린다. 극소량으로 생리적인 반응을 일으킬 수
있다는 점에서 동물의 호르몬과 매우 유사하다. 식물은 분비샘이 따로 있는 것
이 아니라 식물세포 각각에서 호르몬을 분비할 수 있다.

식물호르몬은 식물의 성장과 발달 전반을 조절한다. 또한 식물의 형태를 만들고 성장을 조절하며 꽃이 피는 시기, 꽃의 성, 잎의 노화, 과일의 성숙에 영향을 준다.

지금까지 대표적으로 알려진 고전적인 식물호르몬은 옥신auxin, 시토키닌cytokinin, 지베렐린gibberellin, 아브시스산abscisic acid, 에틸렌ethylene이 있다. 그 외에도 최근에 식물호르몬 범주 안에 넣은 물질에는 브라시노스테로이드brassinosteroid, 살리실산salycilic acid, 자스몬산jasmonic acid, 스트리고락톤strigolactone 등이 있다. 어떤 경우에는 폴리아민polyamine, 산화질소nitric oxide, 펩타이드peptide까지 넣는 경우도 있다.

식물호르몬은 세포에서 생합성되어 다른 조직으로 이동하는데 수용체와 결합하면 신호전달 체계에 따라 신호가 전달되어 반응을 일으킨다. 일반적으로 호르몬의 생합성과 파괴는 조절이 가능하며, 호르몬은 아미노산이나 당과 결합하여 활성이 없는 저장 형태로도 존재한다. 호르몬은 세포들 사이로 이동할 수도 있고 소포vesicle 안에 격리될 수도 있다. 따라서 세포 내 활성이 있는 호르몬의 농도는 생합성, 분해, 다른 생체분자와의 결합, 세포 간 이동, 세포 내에서의 격리에 의해 결정된다.

식물호르몬은 물관이나 체관, 세포막을 통해 이동할 수 있는데 세포막을 통과할 때에는 운송 단백질이 필요하다. 예를 들어 옥신이 한쪽 방향으로만 이동하기 위해서는 유입수송 단백질과 방출수송 단백질이 관여한다.

옥신Auxin

옥신은 식물이 빛을 향하여 구부러지게 하는 현상에서 밝혀졌다. 옥신의 어원은 그리스어로서 '증가하다'라는 뜻을 갖고 있는데 뿌리와 가지와 기관의 형

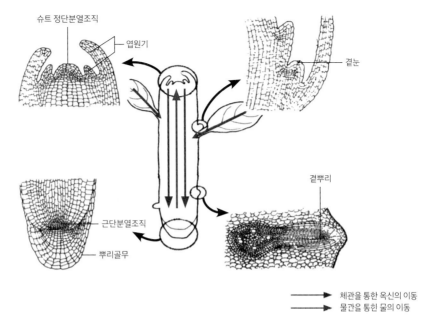

그림 5-1A 체관을 통한 옥신의 이동

성, 줄기의 신장, 방향성이 있는 성장(굴중성·굴광성 반응), 줄기세포의 유지, 배 발생 중 패턴 형성을 제어한다. 진화론으로 유명한 찰스 다윈이 이 물질의 존재를 처음으로 제안했다.

자연 상태에 존재하는 옥신 가운데 하나는 인돌아세트산indole acetic acid, IAA 이다. 활발하게 자라는 줄기의 끝과 어린잎에서 옥신이 만들어져 줄기를 따라 아래로 이동한다. IAA의 이동은 크게 두 가지가 있는데, 체관을 통한 이동[그림 5-1A]과 세포를 지나는 극성이동이다[그림 5-1B].

극성이동에는 두 가지 기전이 관여한다. 하나는 화학삼투 기전chemiosmosis 이고 다른 하나는 방출수송 단백질efflux carrier을 통한 기전이다. 옥신은 pH7 에서 음이온 형태(IAA⁻)를 띠고, pH가 5.5인 세포벽에서는 양성자가 붙어 있는 IAAH 형태로 존재한다. 그런데 음이온 형태의 옥신은 전하를 띠므로 소수성 인

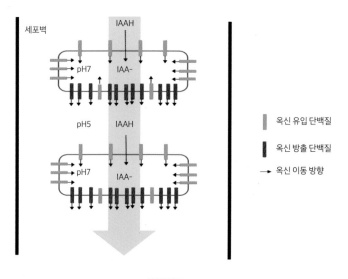

세포벽

IAAH

pH7 IAA-

pH5 IAAH

IAA-

■ 옥신 유입 단백질

■ 옥신 방출 단백질

→ 옥신 이동 방향

그림 5-18 옥신 극성이동

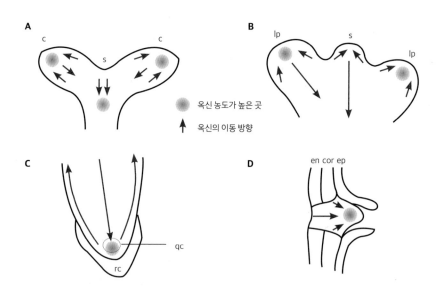

옥신 농도가 높은 곳

↑ 옥신의 이동 방향

그림 5-2 옥신 이동, 국지적 농도, 조직의 형성 (A) 심장형 배 (B) 슈트 정단 조직 (C) 뿌리 정단 조직 (D) 곁뿌리 정단. 옥신 농도가 높은 곳을 옥신최대(auxin maximum)라고 부르며, s는 슈트 정단분열조직, c는 떡잎, lp는 엽원기, rc는 뿌리골무, qc는 분열정지중심부, en은 내피, cor는 피층, ep는 표피를 나타낸다.

지질 세포막을 통과할 수 없는 반면에, IAAH는 전하를 띠지 않은 소수성 분자여서 세포막을 자유롭게 통과할 수 있다. 따라서 일단 세포 안으로 들어온 IAAH는 세포질 속에서 해리(IAAH→IAA⁻+H⁺)되어 세포 밖으로 나갈 수 없게 된다. 이때 방출수송 단백질은 세포의 한쪽(줄기에서는 밑부분)에 위치하여 옥신을 세포 밖으로 내보내기 때문에 결국 옥신은 한쪽 방향으로만 이동하게 된다. 그리고 옥신을 세포 내로 들여보내는 단백질도 세포막에 존재한다[그림 5-1B]. 이러한 옥신의 이동을 옥신 극성이동polar auxin transport이라고 하고, 이를 위해 에너지가 사용된다. 세포 수준에서의 옥신 이동 이외에 체관을 통한 이동도 있다[그림 5-1A]. 이이동에는 에너지가 사용되지 않는다.

옥신의 극성이동은 식물 발달에 있어 아주 중요하다. 조직과 기관의 형성이나 배발생에서 패턴 형성을 조절하기 때문이다[그림 5-2]. 그리고 조직마다 세포막에 존재하는 상이한 유출 단백질의 위치가 결정된다(옥신 방출 단백질은 PIN1부터 PIN8까지 알려져 있으며 PIN1/2/3/4/7이 세포막에 존재한다). 식물의 어떤 부위에서는, 예를 들어 줄기 정단의 바로 밑부분이라든지 뿌리 정단의 바로 윗부분에 존재하는 옥신 수송 단백질이 활발하게 작용하고 조절되기 때문에 결과적으로 옥신의 이동도 역동적으로 조절된다. 세포막에 존재하는 옥신 수송 단백질은 세포 내에 있는 막성계 세포소기관(소포체, 골지체)과 운송소포transport vesicle를 통해 이동함으로써 옥신의 이동에 극성을 부여한다[그림 5-3]. 이런 이동은 빛이나 중력, 염분, 옥신과 기타 호르몬과 같은 외부 자극을 받아 각각 굴광성 반응과 굴지성 반응을 일으킨다.

더욱 중요한 것은 이 이동으로 형성되는 옥신의 농도 기울기는 동물의 발생에서 말하는 형태형성물질 또는 모르포겐morphogen과 비슷하다. 형태형성물질은 동물의 발생에서 나온 개념으로, 발달 과정에서 세포의 성장과 조직의 패턴

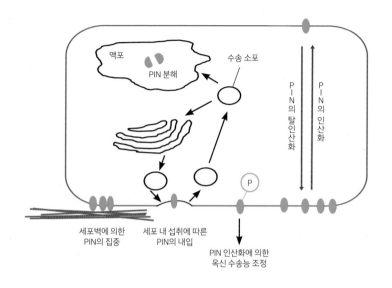

액포
PIN 분해

수송 소포

P I N 의 탈인산화

P I N 의 인산화

P

세포벽에 의한
PIN의 집중

세포 내 섭취에 따른
PIN의 내입

PIN 인산화에 의한
옥신 수송능 조정

그림 5-3 세포 내 막성계를 통한 PIN의 재분포 메커니즘

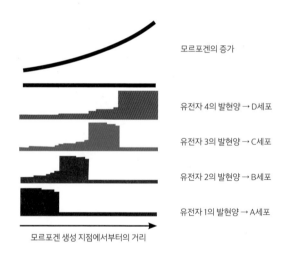

모르포겐의 증가

유전자 4의 발현양 → D세포

유전자 3의 발현양 → C세포

유전자 2의 발현양 → B세포

유전자 1의 발현양 → A세포

모르포겐 생성 지점에서부터의 거리

그림 5-4 모르포겐의 농도 기울기와 세포 분화

형성에 큰 역할을 하는 분비 단백질이다. 형태형성물질의 중요한 특징은 확산으로 조직 안에서 농도 기울기가 형성되어 조직 패턴이 결정된다는 것이다[그림 5-4].

112

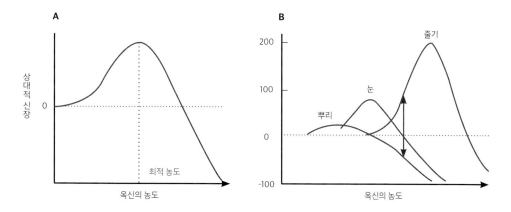

그림 5-5 옥신에 대한 성장 반응 곡선 (A) 전형적인 옥신 반응 곡선 (B) 조직에 따른 옥신 반응 곡선. 붉은색의 양방향 화살표에서처럼 같은 농도의 옥신에서 뿌리와 줄기는 다른 반응 양상을 보이기 때문에 굴중성 반응도 다르게 보인다. 곧 조직마다 옥신에 대한 감수성이 다른 것이다.

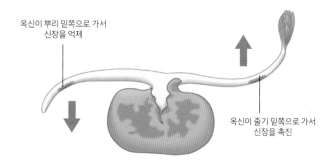

그림 5-6 옥신 반응의 조직 특이성

옥신은 특징적인 반응을 보인다. 옥신의 반응 곡선을 그려보면 줄기와 뿌리에서 저농도의 옥신은 세포신장을 촉진하고 고농도에서는 억제되는 종 모양을 보인다[그림 5-5A]. 그런데 옥신의 반응은 식물의 조직마다 다르다. 곧 각 조직마다 옥신에 대한 감수성의 정도가 차이가 난다[그림 5-5B]. 줄기와 뿌리에 중력 자극을 주면 옥신에 대한 반응이 다르기 때문에 굴중성 반응이 반대로 나온다[그림 5-6].

옥신에 의한 세포신장의 작동 원리는 현재 산-성장 가설acid growth hypothesis

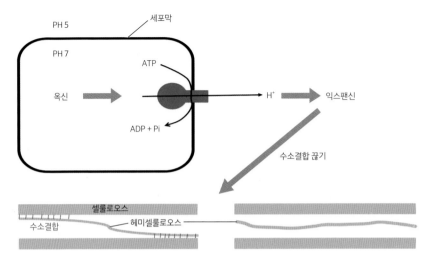

세포막

PH 5

PH 7

옥신 → ● ATP → H⁺ → 익스팬신

ADP + Pi

수소결합 끊기

셀룰로오스

수소결합 ── 헤미셀룰로오스

그림 5-7 옥신의 산–성장 가설과 익스팬신의 작용

로 설명한다. 옥신은 세포막에 존재하는 양성자 방출 단백질H⁺-ATPase의 활성을 높여 양성자를 세포질에서 세포벽으로 내보낸다[그림 5-7]. 이때 세포벽의 pH는 세포질보다 낮기 때문에 에너지ATP를 사용해서 양성자 농도에 역행하여 이동시 켜야 한다. 세포벽이 산성화하면 세포벽의 화학결합을 느슨하게 만드는 단백질 (익스팬신, expansin)이 활성화되고 세포벽의 결합력이 약해진다.

식물세포는 밖으로 나가려는 팽압이 있어서 세포는 이 압력으로 신장하게 된다[그림 4-5와 3-10 참고]. 그런데 세포벽의 구성성분 가운데 셀룰로오스는 세포를 가로 방향으로 배열하기 때문에 세포는 길게 길이 방향으로 신장한다[부록 그림 I -2 참고]. 옥신에 따른 신장 촉진은 산에 의한 즉각적인 신장 반응뿐만이 아니라 좀 더 긴 시간을 요구하는 유전자의 발현이 필요하다. 따라서 이를 '유전자 활성 가 설gene activation hypothesis'이라고 한다.

옥신은 식물 발달에 여러 영향을 준다. 줄기의 신장은 촉진시키지만 뿌리의 신장은 억제하며, 빛과 중력의 방향에 대한 반응을 매개한다. 또 곁눈의 발달을 억제하고 곁뿌리(측근)의 발달을 촉진하며 관다발(유관속)의 분화, 꽃의 개시, 잎의 패턴 형성, 노화 및 잎의 탈리脫離 지연, 성의 결정, 꽃눈과 잎과 열매의 발달에 관여한다.

자연적인 옥신 이외에도 여러 합성 옥신(나프탈렌 아세트산: NAA, 2,4-디클로로페녹시아세트산: 2,4-D)이 만들어져 상업적으로 사용된다. 2,4-D는 잎이 넓은 잡초를 없애는 데 쓰는 제초제 가운데 하나이다. 쌍떡잎식물의 줄기 꼭대기에 작용하여 비정상적인 세포분열을 일으켜 말려 죽이는데, 온도가 높을수록 제초 효과가 뚜렷하나 벼과 등의 외떡잎식물에는 별로 영향을 주지 않는다. 2,4-D는 베트남전쟁 때 사용한 고엽제 성분 가운데 하나였다.

시토키닌 Cytokinin, CK

코코넛에서 발견된 시토키닌은 주로 세포분열에 관계하는 호르몬이다. 그 외에도 잎의 노화를 억제하고 양분의 조직 내 분포를 조절하며 줄기세포의 유지에 관여하는 한편, 옥신의 작용을 조절한다.

시토키닌의 특징 중 흥미로운 점은 옥신과의 관계에서 볼 수 있다. 여러 성장 반응은 시토키닌과 옥신의 존재 비율에 영향을 받는다. 곧 식물의 배양 가운데 조직배양이라는 것이 있는데 성숙한 줄기, 잎, 뿌리의 조각을 떼어내어 한천 위에 놓고 서로 다른 비율의 시토키닌과 옥신을 처리해보면 알 수 있다. 시토키닌과 옥신의 비율이 같으면 형태가 불규칙한 덩어리가 생기는데 이를 캘러스callus라 부른다. 만약 옥신 농도가 시토키닌 농도보다 높으면 절편에서 뿌리가 발달하고, 반대로 시토키닌 농도가 옥신 농도보다 높으면 줄기가 발달한다[그림 5-8].

시토키닌은 뿌리에서 만들어져 줄기를 따라 지상으로 이동하지만, 빠르게 자라는 어린잎이나 과일에서도 발견할 수 있다. 또 시토키닌은 잎의 노화를 지

캘러스 형성　　　　슈트 형성　　　　뿌리 형성

옥신의 양과
시토키닌의 양이
비슷할 때

옥신의 양이
시토키닌의 양보다
적을 때

옥신의 양이
시토키닌의 양보다
많을 때

그림 5-8 옥신과 시토키닌의 상대적 양에 따른 조직분화의 차이

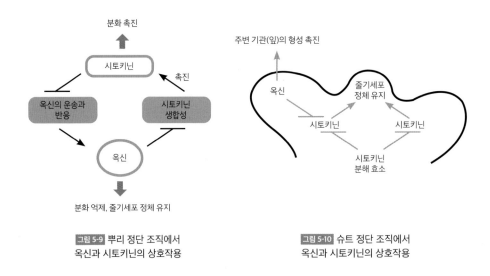

분화 촉진

시토키닌

촉진

옥신의 운송과
반응

시토키닌
생합성

옥신

분화 억제, 줄기세포 정체 유지

주변 기관(잎)의 형성 촉진

옥신

줄기세포
정체 유지

시토키닌　　　　시토키닌

시토키닌
분해 효소

그림 5-9 뿌리 정단 조직에서
옥신과 시토키닌의 상호작용

그림 5-10 슈트 정단 조직에서
옥신과 시토키닌의 상호작용

연시키는 역할도 한다. 옹이, 혹, 빗자루병은 박테리아, 곰팡이, 바이러스, 선충 또는 곤충이 만든 시토키닌 때문에 생긴다. 감염된 식물 숙주의 조직은 침입자에게 영양과 보호처를 제공한다. 이런 관계가 식물에게 이로울 경우가 있는데, 예를 들어 질소고정 박테리아나 근균류의 곰팡이는 식물이 얻기 힘든 영양을 제공한다. 시토키닌은 쌀의 꽃대 구조를 변화시켜 개체당 알곡의 수를 늘리고, 담배에서는 잎의 노화를 지연시켜 가뭄에 더 견디게 만든다.

시토키닌과 옥신은 길항적으로 작용한다. 두 호르몬 간의 관계를 표로 나타내면 다음과 같다.

표 5-1 | 옥신과 시토키닌의 부위별 상호작용[그림 5-9, 그림 5-10]

부위	옥신	시토키닌
뿌리 정단분열조직	줄기세포 운명 유지	세포 분화 촉진
줄기 정단분열조직	측면기관 형성 촉진	줄기세포 운명 촉진
슈트	가지 형성 억제(끝눈우성)	가지 형성 촉진
뿌리	곁뿌리 형성 촉진	곁뿌리 형성 억제

지베렐린 Gibberellin, GA

지베렐린은 줄기의 신장, 꽃의 개화, 과일, 씨의 발아, 과일의 성장을 제어한다. 이 호르몬은 불필요하게 생장시켜 키다리가 된 벼에서 발견되었고, 곰팡이 지베렐라 푸지쿠로이 *Gibberella fujikuroi* 에서 이름을 따왔다. 지베렐린은 벼의 키를 너무 크게 해서 바람에 잘 쓰러지게 만든다. 그리고 이런 벼는 씨를 형성하는 데도 문제가 있다. 많은 난쟁이 돌연변이 식물을 보면 지베렐린의 합성이나 인지에 문제가 있다. 지베렐린은 과일을 크게 만들기 때문에 상업적으로도 많이 쓰이는데 특히 씨 없는 포도를 만드는 데 쓰인다.

지베렐린은 정단 조직, 어린잎, 배에서 생성이 된다. 지베렐린을 합성하는 데 관여하는 유전자는 20세기의 녹색혁명에 기여했다. 작물을 키우던 농부들은 키가 작은 종에 관심이 많았다. 키가 작은 종은 키를 크게 하는 데 쓰일 양분을 열매로 보내기 때문에 생산량을 늘릴 수 있다. 더구나 키가 작으면 강한 바람에 의한 피해가 덜하다. 따라서 곡물 유전학자들은 키가 작은 작물 돌연변이를 이용하여 돌연변이에 관계하는 유전자를 찾는 데 노력을 기울였다.

녹색혁명에 관련된 유전자 중에 지베렐린 생합성 유전자가 있다. 지베렐린에 의한 성장을 억제하는 단백질은 지베렐린이 없는 상태에서 전사인자와 결합해 줄기의 신장을 억제하는데, 이 단백질 유전자에 돌연변이가 일어나 돌연변이 단백질이 분해되지 않으면 지베렐린이 존재해도 줄기의 신장이 이루어지지 않아 난쟁이 표현형이 나타난다. 이 유전자(DELLA 유전자)도 녹색혁명에 관련된 유전자 가운데 하나이다[부록 그림 I-8 참고].

지베렐린은 꽃의 개화에 관여하지만 모든 종에 해당되는 것은 아니다. 독보리(가라지, 일년생), 이년생인 근대의 개화는 지베렐린의 영향을 받지만, 다년생인 사과는 영향을 받지 않고 일년생인 애기장대는 단일 조건에서는 영향을 받지만 장일 조건에서는 그렇지 않다.

맥주를 제조하는 사람들은 보리의 발아를 촉진하기 위해 지베렐린을 이용할 수 있다. 보리 안에 있는 배젖의 전분은 발아할 때 생성된 지베렐린에 의해 분해되는데 이 현상을 이용하는 것이 맥아의 제조 과정이다. 지베렐린을 포도에 처리하면 씨 없는 포도를 얻을 수 있다.

지베렐린이 절간세포에 작용하는 것은 빛의 세기와 관련이 있다. 햇빛이 쨍쨍할 때에는 호르몬이 식물의 성장에 미치는 영향이 제한을 받는다. 곧 절간세포의 신장이 촉진되어도 키가 작은 식물의 형태는 유지된다. 그러나 빛의 세기가 약해지면, 지베렐린은 활성을 더 보여 식물의 키는 더 커지고 위쪽에 있는 잎들은 햇빛을 더 많이 받을 수 있게 된다. 이런 경우 식물은 우거진 환경에서 빛을 잘 받을 수 있는 유리한 위치에 있게 되는 것이다. 그늘을 좋아하는 식물은 이런 현상을 보이지 않는다. 그늘에 대한 반응은 양지식물이 햇빛을 더 많이 받으려는 필사적인 노력이라고 볼 수 있다.

아브시스산 Abscisic acid, ABA

아브시스산이란 이름은 잎, 과일 또는 다른 식물조직의 탈리abscission에 관계한다는 것에서 유래되었다. 탈리 현상은 세포예정사(발달과 연관된 계획된 죽음으로서 괴사necrosis와 다르다)로부터 일어난다. 아브시스산은 씨의 성숙과 휴면에 매우 중요한 역할을 한다. 지베렐린은 씨의 발아를 촉진하지만 아브시스산은 발아를 억제하기 때문에 씨 속에 있는 지베렐린과 아브시스산의 상대적인 양이 발아 여부를 결정한다. 아브시스산에 의한 세포 내 신호전달이나 아브시스산의 생합성에 이상이 있는 돌연변이는 씨가 미성숙한 상태에서 발아를 일으킨다. 예를 들어 수확하기 전의 옥수수 알에서 발아가 일어나 싹이 보인다든지 애기장대의 씨주머니에서 푸릇푸릇한 싹이 나는 경우가 있다.

아브시스산은 환경적 스트레스가 많을 때 생성되는데 특히 가뭄과 관련된 경우가 많다. 아브시스산은 기공을 닫히게 함으로써 수분의 손실을 막으며 씨나 눈의 휴면을 제어한다. 따라서 아브시스산을 억제적 호르몬이라고 생각할 수 있다. 아브시스산은 색소체에서 생성되기 때문에 녹색 잎에 많이 있고 싱싱한 과일에도 있다.

에틸렌 ethylene

에틸렌은 기체 형태의 호르몬이다. 바나나를 설익은 토마토와 한 봉지 안에 넣고 밀폐시켜 실온에 두어보자. 그러면 바나나에서 나온 에틸렌이 딱딱한 토마토를 부드럽게 만드는 것을 볼 수 있다. 따라서 에틸렌은 과일을 익게 하는 기능이 있다는 것을 알 수 있다.

1901년, 러시아의 과학자 드미트리 넬주보Dmitry Neljubow가 실험실에서 자란 완두가 비정상적으로 크는 것을 발견했는데 그때 실험실 안에는 가스등이 켜

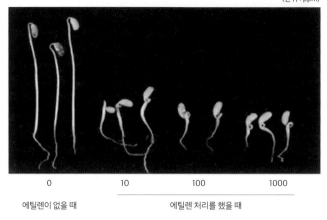

0	10	100	1000
에틸렌이 없을 때	에틸렌 처리를 했을 때		

그림 5-11 에틸렌에 의한 황화식물의 삼중반응. 빛을 주지 않고 키운 메주콩의 모습이다.

있었고, 넬주보는 완두 성장을 이상하게 만드는 기체가 에틸렌이란 것을 알아냈다. 이것이 세계에서 최초로 발견된 기체 형태의 호르몬이다. 그런데 1998년에 심혈관계에서 신호물질로 작동하는 산화질소가 세계 최초의 기체 호르몬으로 발견되었다고 노벨상 시상식에서 실수를 한 것이다.

에틸렌은 여러 가지 스트레스로 그 생성이 촉진되는데, 아브시스산과 마찬가지로 잎의 탈리, 상처의 아묾, 병에 대한 저항성에 관여한다. 또 억제적 호르몬으로 분류되며 세포예정사와 관련이 있다. 식물에 계속해서 물을 많이 주면 뿌리는 지나친 물의 양에 스트레스를 받아 에틸렌을 생성해서 식물의 밑부분에 있는 잎들이 떨어져 나가고 꼭대기에 있는 잎들만 남는다.

빛을 주지 않고 키운 식물에 에틸렌을 처리하면 세 가지 특징적인 현상을 볼 수 있다. 줄기 신장의 억제, 줄기의 부피 성장, 정단의 갈고리 강화 현상이다. 이를 특히 에틸렌의 삼중반응triple response이라고 부른다[그림 5-11]. 앞에서 옥신의 신장 기전을 언급한 바 있다. 에틸렌은 세포벽에 있는 셀룰로오스 섬유의 배열 방향을 가로 방향에서 무질서하게 바꾸기 때문에 세포는 길이 성장을 하지 않고 부피 성장을 한다. 그 밖에도 에틸렌은 뿌리의 성장과 스트레스 반응에도 관여하며, 잎과 꽃잎의 노화를 촉진하고 세포의 분열과 신장을 억제한다. 특히 에틸렌은 따버린 꽃과 과일의 수명을 단축시킨다.

에틸렌의 영향을 줄이거나 없애기 위해서는 수확한 과일을 이산화탄소 농도가 높은, 또는 산소 농도가 낮거나 산소가 없는 (질소 기체로 채운) 방에 넣어 호흡을 제한한다. 또는 화학물질을 이용하여 공기 중에 있는 에틸렌을 흡수, 제거하든지 에틸렌 수용체에 경쟁적으로 에틸렌 활성을 억제하는 약품을 쓴다. 분자생물학이 발달한 현재는 유전공학을 이용하여 에틸렌 생합성 유전자를 변형시키기도 한다. 분자생물학을 이용한 토마토의 종자 개량은 토마토를 이용한 식품의 성질을 많이 바꾼다. 에틸렌은 파인애플과 식물의 개화를 촉진하기 때문에 상업적으로 재배하는 농부들은 에틸렌 처리를 한다.

브라시노스테로이드 Brassinosteroid, BR

브라시노스테로이드는 식물에서 최초로 발견된 스테로이드 호르몬으로서 남성 호르몬인 테스토스테론과 화학적으로 유사하다. 브라시노스테로이드는 식

A 애기장대   **B 완두**   **C 토마토**

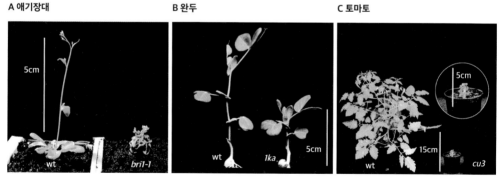

그림 5-12 브라시노스테로이드 돌연변이 식물. wt는 야생형을 나타낸다.

물 전체에서 만들어지고 세포의 신장, 꽃가루관의 성장, 씨의 발아, 물관(도관) 조직과 뿌리털의 분화, 스트레스에 대한 저항성을 제어한다. 브라시노스테로이드와 관련된 돌연변이는 모두 난쟁이 표현형을 가진다[그림 5-12]. 브라시노스테로이드는 옥신과 유사하게 세포벽을 약화시켜 신장을 촉진한다.

자스몬산 Jasmonic acid, JA

자스몬산은 자스민(꽃말이 '당신은 나의것'이다)의 향유 안에 있는 메틸 자스몬산을 분리한 데에서 발견했다. 메틸 자스몬산은 기체로서 식물 간의 소통에 관여하고, 식물체 안에서는 아이소류신isoleucine 이라는 아미노산과 결합된 형태로 생리적 작용을 조절한다. 일반적으로 식물에 기계적인 상처가 나거나 초식동물이 풀을 먹을 때 자스몬산이 만들어져 방어 단백질의 생성을 유도하는데, 이 방어 단백질은 초식동물의 소화기관에서 소화를 방해한다[그림 5-13].

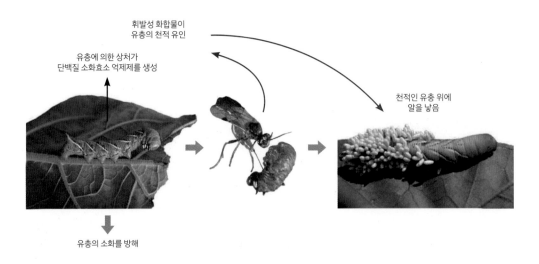

휘발성 화합물이
유충의 천적 유인

유충에 의한 상처가
단백질 소화효소 억제제를 생성

천적인 유충 위에
알을 낳음

유충의 소화를 방해

그림 5-13 자스몬산에 의한 식충 방어 시스템

또한 메틸 자스몬산은 다른 식물에 방어 단백질을 만들라는 경고작용을 하거나 풀을 먹는 곤충의 천적을 유인한다[그림 5-13]. 같은 식물에서는 식물 전체가 반응하게 하는데 이를 전체반응성systemic response이라 부른다. 그 외에도 자스몬산 식물세포에서 활성산소를 생성하게 하여 세포의 사멸을 일으키며, 이를 통해 초식동물에 의한 손상을 막는다.

살리실산Salicylic acid

자연적인 살리실산은 흰버들에서 얻을 수 있다. 고대 그리스 의사였던 히포크라테스는 기원전 5세기에 버드나무 껍질에서 쓴 가루를 추출했는데, 이것이 통증과 발열을 감소시킨다고 했다. 이 치료법은 레바논, 아시리아 등지에서 쓰였고 아메리카 원주민도 살리실산을 해열제로 이용했다. 버드나무 껍질의 성분은 살리신salicin이라 명명되었다. 조팝나무에서 추출한 살리실산은 효과가 큰 대신 어떤 경우 소화불량, 출혈, 설사, 죽음까지 초래한다. 살리실산의 유도체인 메틸 살리실산이 우리가 흔히 이용하는 아스피린이다.

해충에 의해 식물의 살리실산 생합성이 유도된다. 생성된 살리실산은 식물 세포에서 방어에 관련된 유전자들을 유도하고 메틸 자스몬산과 같이 전체반응성을 일으킨다. 병원체가 침입하면 살리실산이 만들어져 메틸 살리실산으로 전환되며, 메틸 살리실산은 통도조직을 통해 식물의 다른 부위로 가서 방어반응을 일으킨다. 이런 전체반응성을 획득전체반응성Systemic Acquired Resistance, SAR이라고 부른다. 식물은 미생물 부류가 갖고 있는 공통적인 분자를 면역체계에 의해 인식할 수 있다. 살리실산은 이와 관련된 면역반응을 촉진한다(4장 병원균과 초식동물 참고).

어떤 병원체는 식물의 저항 단백질resistance protein, R protein을 유도하고 이 저항 단백질은 박테리아의 단백질과 만나 과민반응hypersensitive response, HR을 일으킨다. 그리고 이를 통해 활성산소를 많이 만들어 병원체를 죽이고 감염 부위 세포가 세포예정사programmed cell death를 일으키게 하여 감염이 퍼지는 것을 막는다. 이는 마치 산불을 끄기 위해 맞불을 놓는 원리와 같다. 감염체가 죽은 세포들에 포위되는 것이다.

스트리고락톤 Strigolactone

스트리고락톤은 광합성을 못 하는 현삼과의 반기생식물인 스트라이가 (Striga, '스트리가'라고도 한다)에서 나오는 물질이다. 이 물질은 스트라이가가 자신에 맞는 숙주 근처에서 발아를 할 수 있게 한다. 스트리고락톤의 원료는 카로티노이드계 화합물로서 식물의 뿌리에서 생성된다.

스트리고락톤은 줄기에서 가지 형성을 억제한다. 줄기 정단에서 합성되어 뿌리 쪽으로 이동하는 옥신은 스트리고락톤의 합성을 촉진하고 가지 형성을 간접적으로 억제한다. 스트리고락톤을 합성하지 못하는 돌연변이 벼는 야생형보다 곁가지를 더 많이 낸다.

2차 대사물
_식물의 적응에
반드시 필요한 물질

동물에 없는 식물만의 화학물질에는 어떤 것이 있을까

식물은 동물이 만들지 않는 물질을 만들어 주어진 환경에서 경쟁하고 생존할 수 있게 한다. 이런 식물만의 화학물질에 관한 연구는 식물생화학뿐 아니라 식물생리학과 관련이 있는 환경식물학 분야와도 연결된다. 식물만이 만드는 화학물질 중에 대표적인 것이 2차 대사물이다. 2차 대사물은 성장에 필수불가결한 1차 대사물과 대응하는 개념인데, 그렇다고 해서 중요성이 떨어지는 것이 결코 아니다. 식물은 고착성 생물로서 비생물적(물리적, 화학적) 그리고 생물적 스트레스를 받는다. 2차 대사물은 그런 스트레스에 대한 식물의 적응과 방어에 필요한 것들이다.

2차 대사물은 보통 식물에 의해 행해지는 생화학적 경로를 토대로 분류된다. 예를 들어 알칼로이드alkaloid, 페놀계 대사물phenolic compound, 테르페노이드 terpenoid 등이다. 여기서는 이런 복잡하고 생소한 생화학을 가지고 이야기하시 않고 2차 대사의 기능을 중심으로 이야기를 풀어 나가는 것이 더 유익할 것이다.

식물의 구조적 역할과 함께 보호 기능을 하는 화학물질에는 3가지가 있다.

세포벽에 강도를 더해주는 리그닌lignin은 식물세포가 2차 세포벽을 만들 때 들어간다. 리그닌이 있으면 물의 침투를 막을 수 있고 환경적 스트레스, 병, 해충 등으로부터 보호 받을 수 있다. 리그닌은 분해가 잘 되지 않기 때문에 식물에 기계적인 힘을 제공한다.

큐틴cutin은 큐티클 층에 있는 기름진 물질로서 식물의 부드러운 조직을 보호한다. 또 다른 물질과 함께 물을 식물 속에 가두며, 침입하는 생물을 막는 역할을 한다. 세제 같은 것에 민감한 큐틴의 성질을 이용한 제초제도 있다. 잎은 큐틴으로 덮여 있는 반면, 뿌리는 수베린suberin으로 덮여 있어 보호 받는다. 수베린으로 덮인 세포들은 물관을 통해 식물 전체로 이동할 물질들을 선택한다.

카로티노이드carotenoid는 노란빛 또는 붉은빛 색소의 한 무리인데 잎에서는 많은 엽록소에 가려 보이지 않는다. 엽록소가 흡수 못 하는 초록빛을 흡수해 광합성을 돕고, 강한 빛에 따른 스트레스를 완화시켜주는 기능도 갖고 있다.

2차 대사물 중에는 식물을 유해한 환경이나 병으로부터 보호해주는 것들이 많다. 앞서 언급한 카로티노이드와 안토시아닌anthocyanin은 항산화제로 작용하여 세포막에 손상을 주는 활성산소를 흡수하고 중화한다. 카로티노이드 중 잔토필과 안토시아닌은 과도한 빛에너지를 흡수해 잎을 보호한다. 곰팡이의 공격을 받은 식물은 곰팡이의 세포벽을 파괴하는 사포닌saponin이라는 물질을 쓴다. 또 병원체가 침입하면 피토알렉신phytoallexin이라는 물질을 만들어낸다.

일부 식물은 자기를 먹는 동물을 쫓아내거나 먹지 못하게 하거나 심지어 죽이는 2차 대사물을 만들기도 한다. 초식동물의 접근을 막는 2차 대사물은 방향성芳香性을 가지고 있다. 정향나무, 계피, 레몬의 정유는 천연살충제로 쓰인다. 초식동물이 씹을 경우 뱉거나 다시 먹지 못하게 만드는 2차 대사물은 맛이 아주 시거나 떫다. 적포도주나 설익은 바나나를 씹으면 탄닌tannin이란 물질을 맛보게 되는데 탄닌은 침에 있는 단백질과 결합하여 입에 마른 느낌을 준다. 탄닌이 있는 잎을 먹은 곤충은 영양분을 많이 흡수하지 못하며, 탄닌의 양이 많을 경우 생명에 위협을 받기도 한다.

포이즌 아이비poison ivy, 포이즌 오크poison oak, 옻나무, 파슬리parsley, 호그위드hogweed 같은 식물에는 피부를 가렵게 하는 물질이 있다. 슈퍼마켓에서 일하는 사람이 파손된 셀러리를 빛이 있는 상태에서 만지면 손에 가려움을 느끼게 된다. 피부를 가렵게 하는 물질은 액포 안에 있어서 세포가 파괴되어야 나올 수 있고 빛에 의해 활성이 생긴다. 살인사건의 추리소설을 좋아하는 사람이라면 마전 나무에서 나오는 스트리크닌strychnine과 디기탈리스digitalis 또는 foxglove 잎에서 나오는 디기탈린digitalin을 잘 알 것이다. 피레트린pyrethrin, 님neem, 로테논

rotenone, 니코틴nicotine은 천연살충제로 쓰인다.

식물은 자기의 종 보존을 위해 꽃가루가 퍼지도록 동물을 유인할 필요가 있다. 식물이 내는 방향성 물질은 수분受粉을 돕는 동물에게 먹을 것을 주거나 짝짓기를 하도록 이끈다. 꽃의 색깔은 2차 대사물(안토시아닌)에 따라 나타나는데 수분을 돕는 특정한 동물을 유인한다. 벌새는 빨간색을 가장 잘 보고 벌은 파란색을 잘 본다. 벌은 또한 자외선도 볼 수 있어서 자외선을 이용하여 꽃 속에 있는 꿀의 정확한 위치를 알아낸다. 냄새와 색으로 동물의 식욕을 돋우어 과일을 먹게 해서 씨가 다른 장소에서 싹을 틔우도록 만들기도 한다. 초록색 과일은 떫은 반면, 빨간색, 파란색, 주황색 과일은 달고 유혹적이다.

식물은 왜 사람 몸에 좋은 안토시아닌을 만들까

식물은 화가의 팔레트보다 훨씬 더 다양한 색소를 가지고 있을 것이다. 왜냐하면 빛은 식물이 받는 가장 중요한 환경 신호 중의 하나이기 때문이다. 색소는 광합성이나 다른 목적을 위해 특정한 파장의 빛을 흡수하거나 통과시킨다. 빨간빛, 파란빛, 보랏빛을 반사하는 색소가 안토시아닌인데, 이는 수용성 색소로서 세포나 조직 사이를 잘 이동한다.

안토시아닌은 여러 가지 기능을 갖고 있다. 안토시아닌이 물과 함께 움직일 수 있다는 이야기는 다른 물질의 수송을 위한 도구로 이용될 수 있다는 뜻이다. 당糖, 금속과 같은 물질은 안토시아닌과 결합하여 식물체 속에서 운송된다. 안토시아닌은 자외선을 차단하는 선 스크린으로도 작용한다. 햇볕이 쨍쨍한 상태에서 과도한 태양에너지를 흡수하여 엽록체를 보호하는 것이다. 또한 안토시아닌은 항산화제로도 작용한다. 환경적 스트레스는 많은 양의 활성산소를 유발하는

데 안토시아닌은 활성산소를 중화한다. 이런 이유로 붉거나 푸른 과일이나 채소가 우리 몸에 좋다는 것이다. 안토시아닌은 비타민 E보다도 활성산소를 중화시키는 데 더 강력하다.

안토시아닌이 이렇게 좋은데 왜 식물의 잎은 전부 붉은색이 아닐까? 안토시아닌을 만드는 데에는 많은 에너지가 필요하다. 따라서 성장에 써야 할 에너지를 안토시아닌을 만드는 데 써야 한다. 더욱 나쁜 것은 안토시아닌은 광합성을 방해한다는 것이다. 엽록소는 빨간빛과 파란빛을 흡수하고 초록빛을 투과하거나 반사시킨다. 흡수된 빛은 광합성에 이용된다. 빨간 안토시아닌은 빨간빛을 투과시키거나 반사시키고 파란빛과 초록빛을 흡수한다. 안토시아닌에 의해 흡수된 파란빛은 광합성에 기여하지 않는다. 곧 붉은색 잎은 파란빛을 이용하지 못하기 때문에 당糖을 만드는 데 불리하고 초록색 잎이 당을 만드는 데 더 유리하다.

새로 나온 잎은 약하고, 험한 환경에 노출된다. 곤충들이 먹으려고 달려들 것이고 강한 햇빛은 어린잎을 태울 것이다. 어린잎이 스스로를 보호할 수 있는 방법은 충분한 양의 안토시아닌을 갖는 것이다. 아주 강한 빛을 쪼일 때 순간적으로 잎이 빨갛게 되는 것을 유년기 적화juvenile reddening라고 하는데 안토시아닌이 선 스크린 역할을 하는 것이다.

성숙한 잎은 두꺼운 큐티클 층을 갖고 있어서 건조한 환경을 잘 견디지만 어린잎은 큐티클 층이 없기 때문에 수분을 잃기 쉽다. 그래서 더운 여름에 물을 제대로 주지 않으면 어린잎부터 시들기 시작한다. 잎 끝에서 시들기 시작하여 잎의 언저리가 시들고 나중에는 세포들이 갈색으로 변하면서 죽는다.

홍가시나무나 아이비(두릅나무과 또는 서양송악)의 잎을 보면 유년기 적화를 볼 수 있는데, 잎이 잘 시들지 않고 물이 모자란다고 해서 잎이 갈색으로 변하지 않

윤노리나무(홍가시나무속)	아이비
가막살나무	안개나무

그림 5-14 적화 현상

는다[그림 5-14]. 이 경우 안토시아닌이 응집력을 이용해 물을 붙드는 역할을 한다. 안토시아닌이 많은 잎은 녹색 잎에 비해 물의 함량이 적어서 물의 증발이 덜 일어난다. 또한 붉은 어린잎은 물을 잘 붙들 뿐만 아니라 주위로부터 물을 잘 끌어들인다. 그래서 계속 팽압을 유지하면서 큰다. 그러다가 성장을 멈추면 안토시아닌은 사라지고 다시 초록색으로 변한다. 붉은 잎을 가진 식물은 가뭄을 잘 견딘다. 가막살나무나 안개나무는 물이 많이 필요하지 않다[그림 5-14].

염분이 많은 토양에서 자란 식물의 뿌리, 줄기, 잎에서 안토시아닌을 볼 수 있다. 염습지에 사는 맹그로브mangrove는 잎에 안토시아닌을 축적하고 사막에 사는 아이스 플랜트ice plant는 잎 끝에 있는 낭salt storage bladder에 안토시아닌을 축적한다.

가을이 되어 나뭇잎이 떨어질 때 안토시아닌은 무슨 일을 할까? 가을이면 나무는 광합성을 계속할 수 있도록 잎을 붙들고 있어야 하는지 아니면 잎의 양분을 다른 저장소로 옮기고 낙엽을 만들어 더 이상의 손실을 막아야 하는지 비교를 해야 한다. 그런데 양분인 포도당이나 과당은 반응성이 높은 물질이라 세포 안에 있는 다른 반응성 높은 분자들과 결합하여 엉망이 될 수 있다. 이때 안토시아닌이 대신 반응하여 당을 안전하게 옮겨준다. 낮의 길이가 짧아지고 밤에 서늘해지면 안토시아닌에 의해 당糖이 옮겨지기 시작한다. 동시에 잎 속에 재활용할 수 있는 것들은 모두 분해되어 다른 곳으로 보내진다. 잎에서 광합성이 멈추고 당의 농도가 감소하면 안토시아닌의 양도 감소해 결국 잎은 갈색으로 변한다.

겨울이 되면 한해살이식물은 가을까지 꽃을 피운 뒤 씨를 남기고 죽어 다음 봄까지 발아를 기다린다. 여러해살이식물은 땅속에 뿌리가 남아 겨울을 난다. 나무와 관목의 눈과 목질 부분은 얼음에 대비할 수 있는 화학적, 물리적 장치가 있지만 잎에는 없다. 낙엽수는 겨울에 잎을 떨어뜨리지만 진달래과 식물, 삼나무, 담쟁이덩굴의 푸른 잎은 어떻게 겨우내 당을 만들고 살아 있을까?

얼음은 잎 속 세포들 사이에서 천천히 생기기 때문에 세포벽 쪽에 있는 얼음은 세포에 해를 주지 않는다. 그런데 다음이 문제다. 얼음은 물과 물리적으로 다르고 물보다 밀도가 낮아 얼음이 얼 때 세포벽의 물의 농도가 감소한다. 따라서 세포벽은 물을 세포에서 흡수하고 세포는 물에 대한 스트레스를 받게 된다. 이 상태가 지속되면 세포는 죽는다.

많은 식물이 냉해에 대비해 안토시아닌을 만든다. 단풍나무, 노랑말채나무, 매자나무, 사과나무, 붉나무, 아이비, 소나무, 안개나무, 화살나무 등이 그 예다. 이 경우 안토시아닌은 항 냉각 물질로 작용한다. 곧 안토시아닌은 물의 어는점을 낮춘다. 세포 속에 있는 물은 세포 밖으로 나오지 못해서 잎은 어는 온도를 견딜 수 있다.

안토시아닌은 또한 반응성이 강한 당과 중금속과 결합하여 독성을 중화한다. 리난투스 파르비플로루스*Linanthus parviflorus*의 꽃은 중금속이 있는 환경에서 흰색에서 분홍색으로 변한다.

안토시아닌은 식물의 상태가 건조하다는 것을 알리지만, 토양에 물이 너무 많다는 사실도 알려준다. 흙 속의 물이 잘 빠지지 않으면 산소가 부족해져 식물이 질식하게 되고 그것은 잎의 안토시아닌으로 표현된다.

광수용체
_온몸으로 빛을 감지한다

눈이 없는 식물은 어떻게 빛을 인식할까

식물은 광합성 색소 이외에 빛의 성질, 양, 방향, 조사照射 시간을 감지하기 위해 여러 광수용체를 갖고 있다. 모든 광수용체는 수용체 단백질에 공유결합으로 연결되어 있는 발색단chromophore이 있어서, 발색단이 빛을 흡수하면 광수용체 단백질의 형태가 바뀌어 빛의 신호가 세포 내에서 다른 형태의 화학적 신호로 바뀌고 결국 유전자의 발현을 조절하게 된다. 식물에는 적색광과 원적외선을 주로 흡수하는 피토크롬phytochrome, 청색광을 흡수하는 포토트로핀phototropin과 크립토크롬cryptochrome, 자이틀루프zeitlupe, 자외선을 흡수하는 UVR8이 있다(표 5-2).

신기한 점은 피토크롬이 빛의 성질에 따라 그 형태가 변한다는 사실이다. 피토크롬은 적색광을 흡수하는 형P_r과 원적외선을 흡수하는 형P_{fr}이 있는데 P_r형이

표 5-2 | 식물의 광수용체와 그 기능

광수용체	흡수광	기능
피토크롬	적색광, 원적외선	피토크롬은 낮의 길이를 재고 씨의 발아와 유묘의 발달, 엽록소의 합성, 줄기 신장의 억제가 일어나는 광형태형성에 관여한다.
크립토크롬	UV-A, 청색광	크립토크롬은 광형태형성과 일주성 조절에 관여한다.
포토트로핀	UV-A, 청색광	포토트로핀은 굴광성, 엽록체의 이동, 기공의 열림, 잎의 팽창에 관여하고 이산화탄소의 유입을 늘려 광합성율 최대로 만든다.
자이틀루프	UV-A, 청색광	자이틀루프는 일주성 조절과 광주기의 영향을 받는 개화에 관여한다.
UVR8	UV-B	UV-B는 식물세포에 해를 주는데, UVR8은 이 빛의 양을 인지하여 스트레스 반응을 시작한다.

표 5-3 | 광수용체가 공유하는 기능들

광수용체	공유하는 기능
피토크롬	발아, 음지회피현상(빛의 질)
피토크롬, 크립토크롬	어린 식물의 발달, 탈황백화deetiolation(빛의 강도)
피토크롬, 크립토크롬, 자이틀루프	개화(낮의 길이 측정)
피토크롬, 포토트로핀	굴광성(빛의 방향)

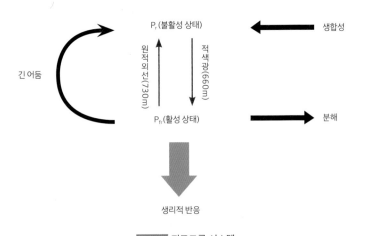

그림 5-15 피토크롬 시스템

적색광을 흡수하면 P_{fr}형이 되고 P_{fr}형이 원적외선을 흡수하면 P_r형이 된다[그림 5-15]. 곧 빛에 의해 가역적으로 변한다는 뜻이다. 생리학적으로 활성이 있는 것은 P_{fr}형이다. 피토크롬은 애기장대에 5가지(phyA~phyE)가 존재하는데, 그중 하나(phyA)는 빛을 비추면 금방 분해된다. 나머지 피토크롬은 빛에 안전하다.

포토트로핀은 빛 쪽으로 자라게 하는 굴광성에 관여하고, 크립토크롬은 일주기성circadian rhythm에 관여한다. 그러나 각 광수용체는 독립적으로 기능하는 것뿐만 아니라 여러 광수용체가 한 가지 생리적 현상에 대해 기능을 공유할 수 있다(표 5-3). 실제로 하나의 생리적 또는 발생적 현상이 일어날 때 하나의 광수용체만이 관여하는 것은 아니다.

식물에서 스위치처럼 작용하는 피토크롬

피토크롬은 빛의 파장에 따라 두 가지 형태로 존재하기 때문에 일종의 스위치 역할을 할 수 있다. 적색광과 원적외선에 의해 가역반응이 일어나는 것은 상

표 5-4 | 상추 씨에 적색광과 원적외선을 조사했을 때 일어나는 발아율의 변화

광조사	발아율(%)
어둠	8.5
적색광	98
적색광 → 원적외선	54
적색광 → 원적외선 → 적색광	100
적색광 → 원적외선 → 적색광 → 원적외선	43
적색광 → 원적외선 → 적색광 → 원적외선 → 적색광	100
적색광 → 원적외선 → 적색광 → 원적외선 → 적색광 → 원적외선	54
적색광 → 원적외선 → 적색광 → 원적외선 → 적색광 → 원적외선 → 적색광	98

표 5-5 | 종에 따른 피토크롬의 가역반응

종	적색광과 원적외선에 의해 가역반응을 보이는 생리 현상
소나무	씨의 발아
완두	줄기의 성장, 곁뿌리의 분화, 페닐알라닌 암모니아리에이스PAL 활성, 광수확 엽록소 단백질light harvesting complex protein의 유전자 발현, 루비스코 유전자 발현
나팔꽃	광주기성에 의한 꽃눈의 분화
밀	엽록체의 발달
옥수수	굴광성에 대한 감도 조절, 녹말의 분해
귀리	굴중성에 대한 감도 조절, 피토크롬 유전자 발현
미모사	잎의 수면 운동, 칼륨 이온의 투과성, 액포의 수축
해바라기	기공의 개폐
명아주	줄기의 신장
벼	옥신의 극성이동, 세포벽의 신축성
겨자	핵산의 합성, 암모니아리에이스 활성, 루비스코 활성화효소activase 활성, 리폭시게나아제lipoxygenase 활성
보리	지방산 합성
강낭콩	루비스코 활성화효소activase 활성

추의 발아에서 최초로 발견되었다(표 5-4). 이 외에 다른 종에서도 적색광과 원적외선에 의한 가역적인 생리 반응을 볼 수 있다(표 5-5).

빛에 의한 반응이 나타나는 시간

빛에 의한 반응은 호르몬처럼 처리하자마자 생리적인 반응이 나타나는 것이 있고, 처리한 후 반응이 나타나기까지 시간이 걸리는 것이 있다. 적색광을 짧은 시간 동안 조사한 후 반응이 나타날 때까지의 시간은 다음 표와 같다(표 5-6).

청색광에 의한 시간 반응은 두 가지 특징을 갖고 있다. 첫째는 청색광을 비춘

표 5-6 | 적색광을 수 초 조사한 후 반응이 나타날 때까지의 시간

현상	시간
세포막 표면의 전위차 변화	15초
ATP 증가	1분
미토콘드리아의 NADP 환원 능력 증대	2분
양성자의 흡수 증가	5분
굴중성에 대한 감도 증가	30분
리보솜의 활성화	30분
아스코르브산 생합성의 활성화	60분
줄기의 성장 억제	90분
탄수화물의 증가	120분
안토시아닌의 농도 증가	4시간
씨의 발아	2일

시각부터 반응이 시작되는 시각까지 비교적 오래 걸린다는 점이고, 둘째는 청색광을 끄고 난 이후에도 반응이 남는다는 것이다. 이런 현상은 청색광에 의한 신장 억제와 기공 개폐에서 볼 수 있다. 그 이유는 청색광을 비추고 나서 활성화된 광수용체는 청색광을 끈 이후 불활성화될 때까지 상당한 시간이 필요하기 때문이다.

6장

식물의
대사

대사metabolism란 생물이 생존을 위해 일으키는 화학반응을 말한다. 대사를 한다는 것은 생명 현상의 특징 가운데 하나이다. 생체 내에서 일어나는 화학반응은 일련의 대사경로를 통해 이루어지는데, 효소 단백질은 각 단계를 촉매한다. 대사는 크게 세포호흡을 통해 유기물을 분해하고 에너지를 얻는 이화작용catabolism과 에너지를 이용하여 세포의 구성성분(단백질, 핵산 등)을 합성하는 동화작용anabolism으로 분류한다.

서로 다른 종이라도 기본적인 대사경로와 그 구성성분이 매우 유사하기 때문에 대사경로는 진화 초기에 등장해서 계속 유지되어온 것으로 생각된다. 예를 들어 크렙스 회로Krebs cycle는 단세포 박테리아에서부터 다세포에 이르기까지 모든 생물에 존재한다.

이 장에서는 생체 내의 일반적인 원리를 먼저 살핀 다음, 세포호흡과 광합성에 대해서 알아보기로 하겠다.

식물은 어떻게 에너지와 물질을 얻을까

다른 생명체와 마찬가지로 식물은 성장하고 생존하기 위하여 에너지와 물질이 필요하다. 식물은 태양으로부터 에너지를 얻고 이산화탄소와 물을 이용해서 필요한 물질을 만든다. 이 과정을 이해하기 위해서는 우선 몇 가지 짚고 가야 할 개념들이 있다.

겉보기에 식물은 아무것도 안 하고 가만히 있는 것처럼 보이지만, 세포 안을

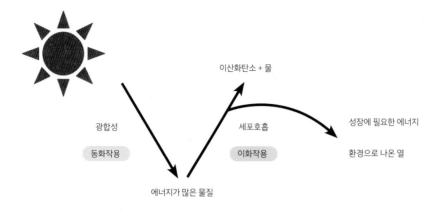

이산화탄소 + 물

광합성

동화작용

세포호흡

이화작용

성장에 필요한 에너지

환경으로 나온 열

에너지가 많은 물질

그림 6-1 대사의 개관도

들여다보면 수백 수천 가지의 화학반응이 일어나면서 바쁘게 일을 한다. 이런 화학반응으로부터 호르몬을 만들고, 세포의 구조를 세우며, 방어물질을 생산하고, 꽃의 색깔을 내는 색소를 만든다.

동화작용은 크기가 작은 분자를 가지고 크기가 큰 분자를 만드는 과정이다. 따라서 큰 분자를 만들기 위해서는 에너지가 있어야 하고 에너지는 화학결합(공유결합 등)에 쓰인다. 예를 들면 식물은 광합성을 통해 빛, 물, 이산화탄소로 포도당을 만들고 산소를 내놓는다. 이화작용은 동화작용과 반대로 크기가 큰 분자를 크기가 작은 분자로 쪼개는 과정이다. 곧 화학결합 속에 있던 에너지가 방출되어 분해가 일어나는 것이다. 예를 들면 식물은 세포호흡을 통해 포도당을 산소로 태우고(산화시키고) 에너지와 이산화탄소를 만든다[그림 6-1].

식물은 이렇게 빛을 이용해서 스스로 영양을 만들고 살 수 있기 때문에 자가영양생물이라 부른다. 그리고 동물처럼 다른 생명체를 포식함으로써 영양과 에너지를 얻는 생물을 타가영양생물이라 부른다. 식물이라고 해서 생활사 전부가 자가영양을 하는 것은 아니다. 식물체가 씨에서 발아할 때에는 광합성을 할 수 있는 잎이 없기 때문에 씨 속에 저장된 양분을 이용해야 한다. 따라서 잎이 생겨 광합성을 시작하기 전까지는 타가영양을 하는 것이다. 이렇게 자가영양생물과 타가영양생물에 의하여 지구 내에서 물질이 순환하는 것이다.

대사경로라는 것은 원자들 간의 화학결합을 재배열함으로써 한 분자를 다른 분자로 바꾸는 일련의 화학반응이다. 대사경로는 한두 가지의 반응이 한꺼번에 일어나는 것이 아니라 여러 작은 반응들이 모인 것이다. 이렇게 함으로써 세포는 에너지의 변화를 쉽게 조절할 수 있고, 갑자기 한꺼번에 일어나는 반응 때문에 생길 수 있는 손상을 막는다. 예를 들어 세포가 한 번에 처리할 수 있는 에너지가 10인데, 당糖을 한 번에 태워서 나오는 에너지가 100이라면 90을 잃으면서 에너지를 포획해야 한다는 것이다. 그런데 만약 당糖을 여러 단계를 거쳐서 에너지를 10씩 흡수한다면 무리하지 않고 효율적으로 에너지를 이용할 수 있다.

[대사과정] $A \longrightarrow B \longrightarrow C \longrightarrow D \longrightarrow E \longrightarrow F \longrightarrow G$

위 대사과정에서 A는 기질이라 부르고 G는 생산물이라 부른다. 그리고 B, C, D, E, F 모두 중간 대사물이라고 부른다. 화살표 각각은 대사반응이다.

대사반응은 저절로 일어나는 것이 아니고 바쁘게 돌아가는 세포에 맞추기 위해서 도움이 필요하다. 각 대사반응은 효소에 의해 화학반응이 빨라진다. 효소는 단백질이고 3차원적인 구조로 기능하기 때문에 전체적인 모양이 매우 중요하다. 달리 말하면, 효소는 반응하는 기질과 구조적으로 잘 맞아야만 반응을 할 수 있다. 곧 효소는 아무 기질과 붙을 수 있는 것이 아니라 붙어서 반응을 할 수 있는 기질이 정해져 있기 때문에 특이성을 가졌다고 말한다[그림 6-2]. 또한 효소는 반응을 촉매하고 자기 자신은 변하거나 파괴되지 않으므로 계속 반복해서 이용할 수 있다.

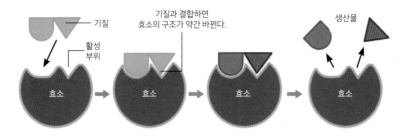

기질과 결합하면
효소의 구조가 약간 바뀐다.

기질

활성
부위

효소 ➡ 효소 ➡ 효소 ➡ 효소

생산물

그림 6-2 효소반응의 도식화

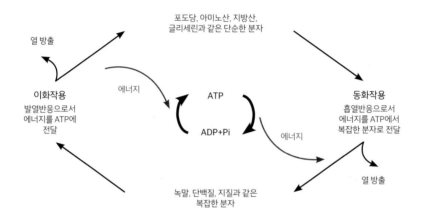

열 방출

이화작용
발열반응으로서
에너지를 ATP에
전달

포도당, 아미노산, 지방산,
글리세린과 같은 단순한 분자

에너지

ATP

ADP+Pi

에너지

동화작용
흡열반응으로서
에너지를 ATP에서
복잡한 분자로 전달

열 방출

녹말, 단백질, 지질과 같은
복잡한 분자

그림 6-3 ATP/ADP 순환 고리

아주 옛날 사람들은 필요한 물건을 얻기 위해 물물교환을 했다. 그런데 물건마다 값어치가 다르기 때문에 각 물건의 값을 매겨 교환을 쉽게 하고 재산을 축적할 수 있는 수단으로 화폐가 등장하게 되었다. 생체 내에서 이 화폐 같은 역할을 하는 것이 ATP(아데노신 삼인산)라는 물질이다. ATP는 ADP(아데노신 이인산)와 무기인산Pi으로 분해될 때 7.3칼로리/몰(Cal/mol, 1 mol은 12g의 탄소 안에 들어 있는 원자의 개수 곧 $6×10^{23}$개로 정의하며, 1cal는 물 1g을 섭씨 1℃ 올리는 데 필요한 열량으로 1Cal=1kcal=1,000cal이다)이라는 에너지가 나온다. 어떤 물질을 분해할 때

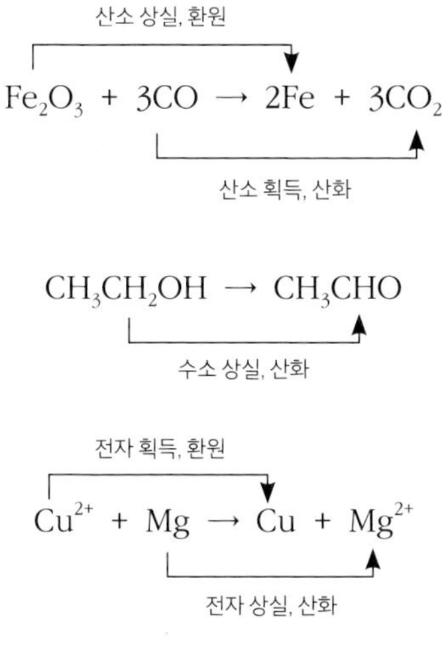

$$Fe_2O_3 + 3CO \rightarrow 2Fe + 3CO_2$$

산소 획득, 산화

$$CH_3CH_2OH \rightarrow CH_3CHO$$

수소 상실, 산화

전자 획득, 환원

$$Cu^{2+} + Mg \rightarrow Cu + Mg^{2+}$$

전자 상실, 산화

그림 6-4 | 산화-환원 반응의 예

21.9Cal/mol의 에너지가 나와 ATP의 형태로 저장한다면 3분자의 ATP(7.3×3)에 저장할 수 있다. 세포에 에너지가 필요하면 저장한 ATP를 분해하면 되는 것이다. ATP는 재충전할 수 있는 건전지에 비유할 수도 있다. ADP는 전기가 없는 상태이고 에너지(전기)는 Pi와 결합하면서 결합에너지 형태로 저장되는 것이다 (ADP+Pi → ADP~P, ~는 고에너지 결합). ATP/ADP 회로와 동화작용/이화작용 회로를 연결시키면 그림과 같다[그림 6-3].

생체 내에서의 대사는 산화-환원 반응에 의해 일어난다. 그렇다면 산화와 환원이 무엇인지 간단하게 알아볼 필요가 있다. 산화와 환원의 개념은 산소의 전

표 6-1 | 산화와 환원의 정의

	산화	환원
산소	획득	손실
수소 이온 또는 양성자	손실	획득
전자	손실	획득

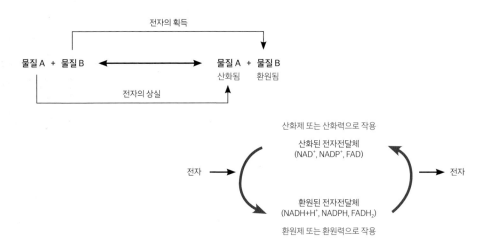

그림 6-5 산화–환원 반응과 전자전달체

달, 수소 이온의 전달, 전자의 전달 관점에서 볼 수 있다[그림 6-4].

그런데 중요한 것은 생체 내에서 산화와 환원 반응은 항상 쌍으로 일어난다는 것이다. 이를 산화–환원 반응redox reaction이라고 한다. 그리고 산화–환원 반응은 전자전달체(서로 다른 전자전달 단백질들이 모여 이루어진 복합체)로 매개되는데, 전자는 수소 원자(양성자)의 이동이 일어나게 만들 수 있다. 생체 내의 환원형 전자전달체로는 NADH+H⁺(니코틴아마이드 아데닌 다이뉴클레오타이드), NADPH(니코틴아마이드 아데닌 다이뉴클레오타이드인산), FADH₂(플래빈 아데닌 다이뉴클레오타이드) 등이 있는데, 이들은 다른 물질을 환원시키는 환원제로 작용한다. 이들의 산화형은 각각 NAD⁺, NADP⁺, FAD⁺로 나타낼 수 있고 산화제로 작용한다[그림 6-5].

우리는 무엇인가를 연소함으로써 열을 얻는다. 예를 들면 연료를 태워 방을 따뜻하게 한다. 생체 내에서도 음식을 연소하여 열(에너지)을 얻는데 우리가 연료를 태우듯 음식을 연소시키면 생체는 타버릴 것이다. 생체에서는 음식을 단계적으로(연속적인 산화-환원 반응, 전자전달계) 태우고 에너지를 조금씩 빼서 저장, 운송하기 좋은 형태ATP로 전환한다. 이렇게 함으로써 에너지 효율을 최대화할 수 있다. 계산에 따르면 세포 안에서 음식을 연소하는(세포호흡을 하는) 열효율은 약 38 퍼센트 정도 된다. 그런데 인간이 생각한 가장 이상적인 열기관(카르노 기관)의 최대 열효율은 25퍼센트이다. 세포는 정말로 놀랍다.

두 가지의 대사경로, 광합성과 광호흡

식물은 어떻게 탄수화물을 만들까

식물은 이산화탄소, 물, 빛에너지를 이용해서 포도당을 만들고 산소를 내놓는다. 이 과정이 광합성이다. 식물은 이렇게 매우 중요한 일차 생산자이며, 우리는 식물 없이는 숨을 쉴 수 없다. 결국 지구상의 궁극적인 에너지원은 태양이다. 겉으로 보기에 식물은 땅속에서 물질을 얻어 성장한다고 생각할 수 있지만, 그렇지 않다. 물론 식물은 땅에서 물과 무기물을 흡수한다. 그러나 식물이 만드는 물질은 기공으로 들어오는 이산화탄소를 이용하는 것이다.

광합성은 빛에너지를 생체가 이용할 수 있는 화학에너지로 바꾼다. 곧 빛에너지는 포도당 안에 있는 화학결합에너지로 저장되는 것이다. 식물은 이 포도당

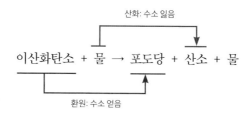

산화: 수소 잃음

이산화탄소 + 물 → 포도당 + 산소 + 물

환원: 수소 얻음

그림 6-6 광합성의 화학반응식

을 이용해 단백질, 탄수화물, 핵산 등을 만들 수 있다.

광합성을 하나의 식으로 표현하면 그림과 같다[그림 6-6].

광합성에는 앞에서 말한 산화와 환원 반응이 일어난다. 광합성은 표 6-2와 같이 빵 만드는 일에 비교할 수 있을 것이다.

표 6-2 | 광합성과 빵을 만드는 과정과의 비교

	광합성	제빵
재료	이산화탄소, 물	달걀, 밀가루, 우유, 이스트
작동인	식물	제빵사
작동구조	엽록체	오븐
에너지	빛에너지	열에너지
에너지원	전자기파(태양)	전기(발전소)

그럼 에너지로 이용되는 빛은 무엇일까? 빛은 전자기파로서 파동이면서 입자이다. 태양은 아주 거대한 핵반응기로 핵융합을 통해 엄청난 에너지를 전자기파의 형태로 발산한다. 빛은 가시광선, 엑스(X)-선, 마이크로파, 자외선 등을 포함한다. 그리고 각 빛은 고유의 파장을 가지고 있으며 파장이 짧을수록 에너지가 더 크다. 가시광선 안에는 빨강, 주황, 노랑, 초록, 파랑, 남색, 보라가 있는데 빨강이 그중 파장이 제일 길고 보라가 파장이 제일 짧다. 빛은 또한 입자이기도 해서 작은 에너지 보따리로 비유할 수도 있다. 이 에너지 보따리를 광양자 또는 광자라고 한다(4장 빛 참고).

식물은 광합성을 하기 위해 가시광선 영역에서 빨간빛과 파란빛을 흡수한다. 빛은 엽록소chlorophyll라고 하는 색소가 흡수하는데, 이 색소는 초록빛을 흡수하지 않기 때문에 우리 눈에 잎이 초록색으로 보이는 것이다. 식물은 엽록소

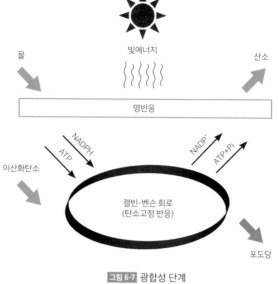

빛에너지

물

산소

명반응

NADPH

ATP

NADP⁺

ATP+Pi

이산화탄소

캘빈-벤슨 회로
(탄소고정 반응)

포도당

그림 6-7 광합성 단계

외에 다른 파장의 빛을 흡수하는 보조 색소를 갖고 있다. 카로틴carotene은 파란
빛을 흡수하고 주황빛을 발하며, 푸코크산틴fucoxanthin은 초록빛을 흡수하고 적
갈색 해조류의 빛깔을 내놓는다.

광합성은 크게 빛에 의존하는 명반응과 빛에 의존하지 않는 탄소고정 반응
으로 나눈다. 탄소고정 반응은 캘빈Melvin Calvin과 벤슨Andrew Benson이 발견했
기 때문에 캘빈-벤슨 회로라고도 한다. 광합성의 과정을 개략적으로 나타내면
그림 6-7과 같다.

명반응에서는 식물이 태양으로부터 빛에너지를 잡아 화학에너지로 바꾼다.
이때 식물은 물에서 전자를 빼내어(물을 산화시켜) NADP⁺로 전달하고 환원제로
작용할 NADPH를 만듦과 동시에 ATP를 생산한다. 명반응에서는 빛을 이용해
물을 분해하기 때문에 광분해가 일어난다고 한다. 탄소고정 반응에서는 명반응
에서 만든 NADPH를 이용해서 이산화탄소를 환원하여(수소 원자를 붙여) 포도당
을 만드는데 이때 ATP를 소비한다. 수소 원자(전자)의 흐름은 물→NADPH→
이산화탄소인 것이다.

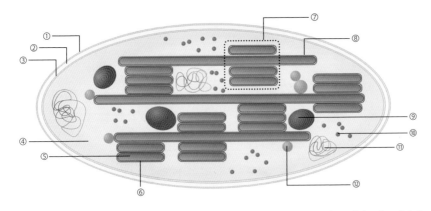

그림 6-8 엽록체의 구조 ① 외막 ② 막간 공간 ③ 내막(1+2+3: 엽록체막) ④ 스트로마 ⑤ 틸라코이드 내강 ⑥ 틸라코이드 막 ⑦ 그라나(틸라코이드가 쌓인 모양) ⑧ 틸라코이드 ⑨ 녹말 ⑩ 리보솜 ⑪ 엽록체 DNA ⑫ 기름 방울

전자의 흐름은 한 번에 이루어지지 않는다. 전자전달은 전자를 전달하는 여러 단백질을 통해서 이루어지며 이는 이전 장에서 언급했던 대사과정이 여러 단계로 되어 있다는 것과 연관이 있다. 엽록소가 빛에너지를 받으면 그 속에 있던 전자가 에너지를 흡수해 높은 에너지 위치에 있게 되는데, 이를 '여기되었다'고 한다. 여기된 전자는 낮은 에너지 위치로 내려가면서 포도당을 만드는 데 쓰는 에너지, 형광 또는 열로 방출된다[그림 4-17과 그림 4-18 참고]. 이 전자가 내려간다는 것은 엽록체 내막에 위치하는 전자전달계 단백질을 따라서 결국 NADP⁺까지 이동한다는 것이다. 더 진행하기 전에 우선 엽록체의 구조를 살펴보는 것이 필요하다. 광합성은 세포 수준에서 기능과 구조가 상당히 연관이 있다는 것을 보여주는 좋은 예이기 때문이다[그림 6-8].

엽록체는 동전을 쌓아둔 모양의 그라나와 투명한 스트로마로 이루어져 있는데, 명반응은 그라나의 틸라코이드 막에서 일어난다. 틸라코이드 막 안에는 전자전달에 관여하는 단백질들이 있다. 어떤 단백질은 막에 고정된 것도 있지만 비교적 작은 단백질은 막 안에서 이동할 수 있다. (생체막의 역동성을 유동모자이크 설로 설명한다는 것을 기억하라.) 전자는 전자전달계를 따라 이동하는데 전자전달계

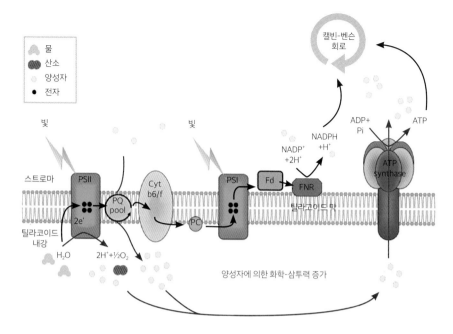

그림 6-9 광합성 명반응에서의 전자전달계. PSI는 광계 I, PSII는 광계 II, PQ는 플라스토퀴논, Cytb6/f는 시토크롬, Fd는 페레독신, FDR는 페레독신-NADPH 환원효소, ATP synthase는 ATP 합성효소를 나타낸다.

단백질들은 높은 에너지 상태에서 낮은 에너지 상태로 배열되어 있다. 이들이 산화-환원 반응을 하면서 에너지를 내고 이 에너지는 수소 이온을 스트로마에서 틸라코이드 내강 안으로 들여보내는 데 쓰여, 스트로마와 틸라코이드 내강 사이에 수소 이온 농도의 차이를 만든다.

전자전달계는 마치 작은 물레방아를 여러 개 연결한 것에 비유할 수 있다. 펌프로 높은 곳에 올린 물이 그림에 나타난 대로 내려오면 위치에너지는 운동에너지로 바뀌면서 물레방아를 돌리는 것이다. 마찬가지로 빛에너지를 받아 높은 에너지 상태로 올라간 전자는 전자전달계를 따라 내려오면서 에너지를 내는데 이는 ATP를 만드는 데 이용된다[그림 6-9].

양 구역에서 수소 농도의 차이는 일종의 위치에너지(양 구역의 자유에너지의 차로 표현되며, ATP 합성을 할 수 있다)로 작용하여 그림의 오른쪽에 있는 ATP 합성효

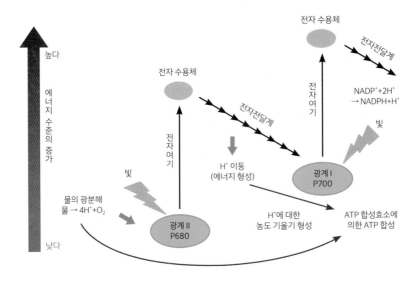

그림 6-10 에너지 흐름으로 본 명반응

소를 통해 수소 이온이 다시 스트로마로 나갈 때 ATP가 만들어진다. 실제 엽록체에서 일어나는 일을 나타내면 그림과 같다[그림 6-9]. 엽록체의 틸라코이드 막에는 680나노미터의 빛을 흡수하는 광계 II와 700나노미터의 빛을 흡수하는 광계 I이 있다. 광계 II에서 빛에 의해 물이 분해되어(광분해되어) 수소 이온과 산소 분자로 되고, 전자는 엽록소 안에 전자여기로 생긴 빈 공간에 들어가게 된다. 광분해로 생성된 수소 이온은 틸라코이드 내강에 머물러 앞서 말한 스트로마와 틸라코이드 내강 사이의 수소 농도의 차이를 형성하는 데 기여한다. 이렇게 빛에너지를 이용해 ATP를 만들기 때문에 이 과정을 광인산화라 부른다. 이를 에너지 수준으로 표현하면 에너지의 흐름을 볼 수 있다[그림 6-10]. 엽록체의 구조, 물리화학적 원리, ATP 생성은 구조와 기능의 밀접한 연관성을 보여주는 아름다운 예라할 것이다. 이런 모습은 미토콘드리아의 호흡에서도 다시 볼 수 있다.

지금까지 명반응에서 탄소고정 반응을 수행하기 위한 환원력 NADPH와 에너지 ATP를 만들었다. 공기 중에 있는 이산화탄소가 잎의 기공을 통해 엽

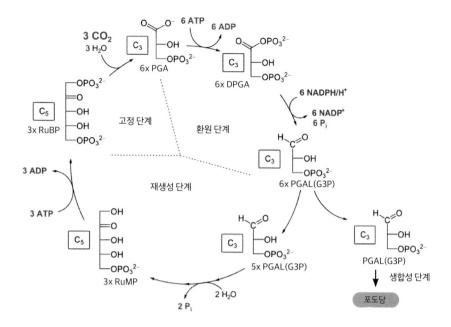

그림 6-11 캘빈-벤슨 회로. PGA는 3-포스포글리세르산, DPGA는 1,3-비스포스포글리세르산, PGAL는 글리세르알데히드 3-인산, RuMP는 리불로스 5-인산, RuBP는 리불로스 1,5-이인산을 나타낸다.

록체의 스트로마에 들어오게 되면 리불로스 이인산RuBP, Ribulose bisphosphate
이라는, 탄소가 5개인 물질(5탄당)과 결합하여 포스포글리세르알데히드PGA,
phosphoglyceraldehyde가 된다. 이 과정이 탄소 고정 단계로서 탄소고정 반응에서
가장 중요한 단계이다. 이 단계를 촉매하는 효소는 리불로스 이인산 카르복실라
아제(카복실레이스) 옥시게나아제ribulose bisphosphate carboxylase oxygenase로 간단
히 루비스코Rubisco라고 부른다(카르복실라아제는 카복실화 효소 곧 COO⁻를 붙이는 효
소, 옥시게나아제는 산소를 붙이는 효소이다).

　　루비스코는 진화적으로 아주 오래된 단백질로서 지구상에서 가장 많은 단백
질이다. PGA는 명반응에서 만든 ATP와 NADPH를 이용해 글리세르알데히드
3-인산(G3P, Glyceraldehyde 3-phosphate 또는 phosphoglyceradlehyde, PGAL)이 만
들어지는데, G3P의 일부는 포도당을 만드는 데 쓰이고 나머지는 ATP를 사용하

여 리불로스 이인산을 다시 만든다. 앞에서도 말했지만 이 회로는 캘빈과 벤슨이 발견하여 캘빈-벤슨 회로Calvin-Benson cycle라고 부른다. 캘빈-벤슨 회로에서 3탄당 인산을 만들기 때문에 C_3 회로라고도 부른다.

캘빈-벤슨 회로는 복잡하지만 크게 4단계로 구분할 수 있다[그림 6-11].

1. 이산화탄소가 RuBP와 결합하는 고정 단계
2. ATP와 NADPH를 이용하는 환원 단계
3. G3P에서 포도당을 만드는 생합성 단계
4. 일부 G3P가 RuBP로 되는 재생성 단계

식물은 더운 곳에서 어떻게 광합성을 할까

해가 쨍쨍하고 더운 날, 잔디에 물을 주지 않으면 잔디는 더위에 말라서 노랗게 되지만 잡초는 오히려 파랗게 살아남는다. 바랭이속의 풀, 쇠비름, 방동사니 속의 식물이 더위를 견딜 수 있는 이유는 C_3 식물과 다른 광합성의 탄소고정 반응을 하기 때문이다. C_3 식물에서는 이산화탄소가 리불로스 1,5-이인산과 결합하여 2분자의 글리세르알데히드 3-인산을 만든다. 글리세르알데히드 3-인산은 탄소 수가 3개인 물질이다.

그런데 이 반응을 촉매하는 리불로스 1,5-이인산 카복실화/산화효소(루비스코)는 이산화탄소뿐만이 아니라 산소도 기질로 이용할 수 있다. 대기 중의 산소 농도는 약 21퍼센트이고 이산화탄소 농도는 0.04퍼센트(400ppm, 피피엠은 농도의 단위로 1ppm은 10^{-6}, 곧 백만 분의 1이다)이기 때문에 산소가 이산화탄소보다 루비스코에 붙는 데 유리하다. 루비스코가 산소와 만나 리불로스 5'-이인산RuBP을 반응시키면 광합성의 능률을 떨어뜨리는 광호흡(또는 C_2 산화적 광합성 탄소 회로)이

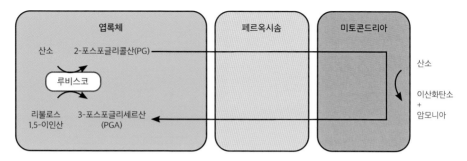

그림 6-12 광호흡. 복잡한 중간 대사과정은 생략하고 중요한 부분만 나타냈다.

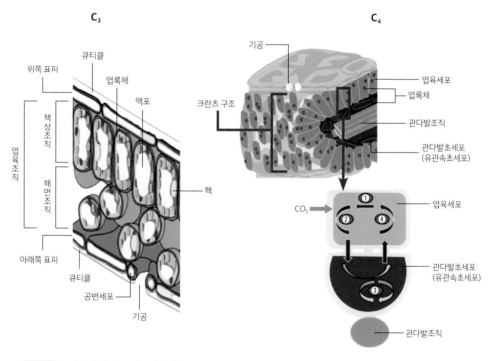

그림 6-13 C_3 식물의 잎과 C_4 식물의 잎의 구조 차이. C_3 식물에서는 엽록체가 엽육세포에는 많지만 관다발초세포에서는 적고, 관다발초가 C_4 식물만큼 두텁게 발달되어 있지 않다. 이에 비해 C_4 식물에서는 관다발초세포에도 엽록체가 많이 존재하며 관다발초가 두텁게 발달해 크란츠 구조가 뚜렷하게 나타난다.

C_4 식물에서 ① 탄소는 PEP 카복실화 효소에 의해 고정되어 옥살 아세테이트를 생성한다. ② 4개의 탄소를 가진 유기산 분자는 세포를 빠져나와 관다발초세포의 엽록체로 들어간다. ③ 유기산 분자는 이산화탄소를 방출하고 피루브산을 생성한다. 이산화탄소는 리불로스 이인산과 결합하여 캘빈-벤슨 회로로 진행된다. ④ 피루브산은 다시 엽육세포로 들어간다. 그런 다음 ATP와 반응하여 C_4 회로의 시작 화합물(PEP)을 생성한다.

6장 식물의 대사 153

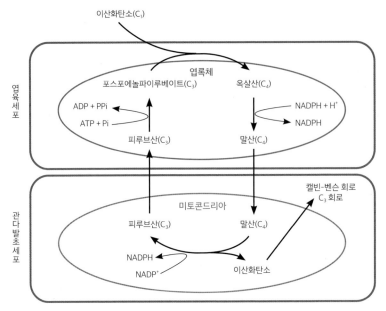

그림 6-14 C_4 회로. 해치-슬랙 회로라고도 한다.

일어난다. 광호흡은 엽록체, 페르옥시솜(또는 퍼옥시좀, 미소체라고도 한다), 미토콘드리아 모두가 관여하는 복잡한 과정으로서 이산화탄소와 암모니아를 만든다[그림 6-12]. 따라서 광합성 측면에서 보면 손실이라고 할 수 있다.

　식물이 잎에서 광합성을 많이 하기 위해서는 루비스코의 양이 잎의 단백질 총량의 30~50퍼센트를 차지할 정도로 많아야 한다. 처음 루비스코가 생겨난 지구에는 산소가 없었기 때문에 광호흡의 문제가 없었다. 그러다가 지구상에서 광합성이 진행되면서 대기 중의 산소 농도가 증가하여 이산화탄소에 대한 특이성이 높지 않은 루비스코가 산소를 이용한 반응을 하게 되었다. 루비스코는 잎에 이산화탄소의 양이 많고 산소는 적으며 온도가 적당하면서 물이 많을 때 작동을 제일 잘한다. 잎 주위의 온도가 높으면 증산이 많아지기 때문에 기공을 닫게 되어 대기의 이산화탄소는 잎 속에 적게 들어온다. 그리고 온도가 올라가면 이산화탄소의 수용도가 떨어진다. 이 현상은 콜라를 냉장고에서 실온으로 옮기면 기포가 많이 나오는 것과 같은 이치이다.

고온저습한 기후에서는 C_3 식물과 다른 식물이 진화했다. 이들이 바로 C_4 식물인데, 요약해보면 C_4 식물은 잎의 구조상 루비스코가 산소와 만나지 못하도록 그리고 산소와 반응하지 않는 탄소 고정 효소를 진화시켰다. 여기서 한 가지 더 생각해야 할 것은 C_3 식물의 잎 구조와 C_4 식물의 잎 구조의 차이다[그림 6-13]. 왼쪽에 있는 그림은 C_3 식물의 잎 구조이고 오른쪽에 있는 그림은 C_4 식물의 잎 구조다.

C_3 식물의 잎에서는 하부 표피 위에 해면 엽육세포가 있고 그 위에 관다발초세포(유관속초세포)가 있다. 해면 엽육세포는 듬성듬성 있어 기공으로 공기의 출입이 자유롭다. C_3 회로는 이 엽육세포에서 일어나기 때문에 산소가 엽육세포로 갈 수 있다. C_4 식물의 잎에서는 엽육세포가 촘촘하게 관다발초세포를 둘러싸고 있어 마치 화환을 보는 것 같다. 이런 구조를 크란츠Kranz 구조라고 부른다. C_4 식물은 관다발초세포에서 C_3 회로를 돌리기 때문에 거기에서 루비스코가 산소 분자와 만날 기회는 없다. 엽육조직에서 만들어진 유기산은 관다발초세포로 가서 이산화탄소를 내놓고 PEP가 된 다음 다시 엽육조직으로 간다. 따라서 C_4 식물에서는 광호흡이 일어날 수 없다. C_4 식물은 고온에서도 광합성률이 감소하지 않는다.

C_4 식물은 이산화탄소를 포스포에놀파이루베이트PEP에 반응시켜 탄소를 4개 가진 유기산을 만든다[그림 6-14]. 이 과정을 촉매하는 효소는 포스포에놀파이루베이트 카복실화 효소PEP carboxylase인데 이 효소는 산소를 이용하지 않는다. 그리고 엄격히 말해 포스포에놀파이루베이트 카복실화 효소는 이산화탄소를 쓰지 않고 중탄산 이온HCO_3^-을 이용한다. 루비스코는 직접 기체 상태의 이산화탄소를 이용한다. 따라서 이 차이에서 C_4 식물은 광호흡을 하지 않을 수 있다.

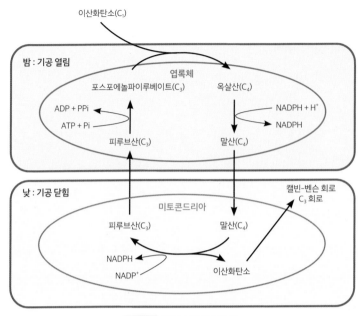

그림 6-15 CAM 식물의 광합성

그림 6-16 크래슐산 대사를 하는 식물들 (A) 꿩의비름속(국내) (B) 돌꽃속(국내) (C) 돌나물속(국내) (D) 바위솔속(국내) (E) 용설란(아스파라거스과) (F) 크라슐라(열대). (E)를 제외하고 전부 돌나물과 식물이다.

표 6-3 | C₃ 식물, C₄ 식물, CAM 식물의 특징 비교

	C₃ 식물	C₄ 식물	CAM 식물
서식처	대부분 온대지방	덥고 건조한 지역	사막
예	콩, 벼, 보리, 밀	옥수수, 수수, 사탕수수	다육식물(용설란), 파인애플, 선인장, 돌나물과
사용 회로	C₃ 회로	C₃ 회로+C₄ 회로	C₃ 회로+C₄ 회로
C₃ 회로가 일어나는 장소	엽육세포	관다발초세포	엽육세포
탄소 고정 효소	루비스코 Rubisco	PEP 카르복실라아제 PEPcase	PEP 카르복실라아제 PEPcase
광합성 능률	최고	C₃와 CAM의 중간	최저
물의 손실 정도	광호흡으로 물 손실	C₃와 CAM의 중간	가장 적게 손실
잎 세포의 특징	엽록체가 드문 관다발초세포	밀집된 엽록체를 갖는 관다발초세포	커다란 액포를 가짐
1그램의 건조된 광합성 산물을 만드는 데 쓰이는 물의 양(g)	450~950	250~350	50~55
광호흡의 유무	O	X	O
광합성 건중량 (톤/헥타르/년)	20~25	35~40	낮고 일정하지 않다
최대 광합성 능력	15~24	35~80	1~4

절반 이상의 풀과 일부 한해살이, 여러해살이 초본식물이 C₄ 광합성을 하는 데 선인장류에는 없다. C₄ 광합성을 하는 곡물에는 옥수수, 사탕수수, 참억새, 기장, 조 등이 있다. 잔디밭에 있는 C₄ 광합성을 하는 잡초에는 돌피, 우산잔디, 잔개자리, 띠, 바랭이, 주름강아지풀, 왕바랭이, 무망시리아수수새, 방동사니속 식물, 비름과 식물, 쇠비름, 지금초가 있다.

그럼 식물은 사막 같은 곳에서는 어떻게 광합성을 할까?

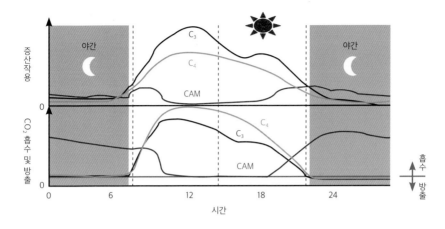

그림 6-17 C₃, C₄, CAM 식물의 주야간 증산작용과 이산화탄소의 흡수량/방출량

뜨겁고 건조한 사막에서는 C₄ 식물도 살지 못한다. 보통 사막에는 선인장과 대극과 식물 같은 다육식물이 산다. 이런 식물은 물의 손실을 막기 위해 낮에 기공을 닫고 밤에 기공을 열어 이산화탄소를 흡수하고 산소를 내보낸다. 유기산을 만드는 것은 C₄ 식물과 비슷하지만 다육식물에서는 이 유기산을 액포에 저장해 두었다가 낮이 되면 꺼내서 C₃ 회로를 돌린다[그림 6-15]. 이런 식물을 CAM(Crassulacean acid metabolism, 크래슐산 대사) 식물이라고 부른다.

크래슐라시Crassulaceae는 돌나물과 식물인데 뚱뚱한 식물이라는 뜻을 갖고 있다[그림 6-16]. 이런 식물은 건조한 곳에서 살기 위해 수분은 줄기와 잎에 저장하며, 큐티클 층이 두껍고 다육질이면서 표면적이 적은 잎을 가지고 있다. 그리고 C₄ 식물과 구조적으로 다른 점은 관다발초세포가 없다는 것이다. 물을 잘 준 대극과 식물을 실내에서 키우면 종종 잎을 볼 수 있지만, 자연 상태로 돌아가면 잎을 갖지 않는다.

CAM 광합성의 단점은 낮에 기공을 닫음으로써 잎 안에 산소가 축적되어 광호흡이 일어날 수 있다는 것이다. 따라서 CAM 광합성은 상당히 비능률적인 과

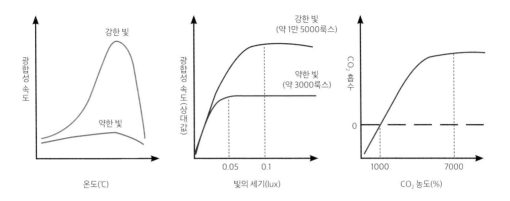

그림 6-18 온도, 빛의 세기, 이산화탄소의 농도가 광합성에 주는 영향

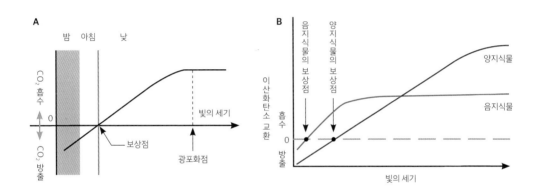

그림 6-19 광보상점과 광포화점

정으로 CAM 식물은 원래 사는 곳에서 느리게 자란다. CAM 식물에는 용설란, 선인장, 대극과 식물, 백합, 난초 등이 있다.

이제까지 살펴본 C_3 식물, C_4 식물, CAM 식물의 특징을 표로 정리하면 표 6-3과 같다. 그리고 표에 나온 내용을 그림과 비교해보면 이치에 맞음을 알 수 있다[그림 6-17]. 각 식물의 형태적 특징과 기공의 개폐 여부에 따라 물의 손실 정도와 이산화탄소의 출입 정도가 잘 반영되어 있다.

교과서에 나오는 광합성 그래프

중고등 교육과정에서 다루는 몇 가지 그래프를 잠깐 살펴보자. 광합성에 영향을 주는 조건은 이산화탄소, 물, 온도 그리고 빛인데 무조건 많이 준다고 해서 광합성이 잘 되는 것은 아니다. 다시 말하면 모든 조건에 대해서 포화 내지는 최대가 존재하고, 조건끼리 상호관계가 있음을 알 수 있다[그림 6-18].

그림 6-18의 중간 그래프를 다시 자세히 보면 중요한 개념이 나온다. 광보상점은 광합성으로 흡수하는 CO_2의 양과 호흡으로 방출하는 CO_2의 양이 일치하는 빛의 세기를 말하고, 광포화점은 빛의 세기가 증가하면 광합성의 양도 증가하지만 어느 지점에 이르면 더 이상 증가하지 않는 상태에서의 빛의 세기를 말한다[그림 6-19A]. 보상점 이하의 빛을 주면 이산화탄소를 흡수한 양보다 방출한 양이 많아지기 때문에 결국 죽고 만다. 양지식물과 음지식물을 비교해보면 음지식물은 보상점이 낮아 약한 빛에서도 잘 살지만, 양지식물은 약한 빛 아래서는 잘 살지 못한다[그림 6-19B].

다음은 C_3 식물과 C_4 식물을 비교해보자. 확실히 C_4 식물은 C_3 식물보다 높은 온도에서 광합성을 더 잘하고 대기중에 있는 이산화탄소atmospheric carbon dioxide 의 조건에서도 그렇다[그림 6-20].

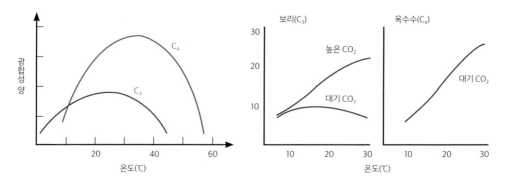

그림 6-20 C_3 식물과 C_4 식물의 잎의 광합성 비교.

에너지를 얻기 위한
식물의 세포호흡

식물이 광합성을 통해 만든 포도당은 다른 생체물질을 만들기 위해 쓰거나, 에너지를 얻기 위해 태우거나, 즉시 사용을 못 하는 경우에 녹말의 형태로 저장한다. 에너지를 얻기 위해 세포 안에 있는 영양물질을 분해하는 과정을 세포호흡이라고 부른다. 식물은 세포호흡을 통해 ATP를 만들고 ATP는 식물의 생존을 위해 이용된다. 영양이 완전히 분해되면 이산화탄소와 물이 만들어진다.

$$포도당 \ + \ 산소 \ \rightarrow \ 이산화탄소 \ + \ 물 \ + \ 에너지$$

위의 식을 보면 세포호흡은 광합성과 반대인 것을 알 수 있다. 식물이 점심을 만들고 저장하는 방법이 광합성이라면, 세포호흡은 식물을 먹고 소화하는 방법

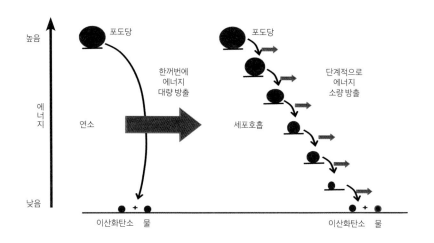

그림 6-21 연소와 세포호흡과의 차이

인 셈이다. 광합성에서는 물이 산화되고 이산화탄소가 환원되지만, 세포호흡에
서는 포도당이 산화되고 산소가 환원된다.

세포호흡은 포도당을 불로 태우는 것에 비교할 수 있으나 근본적인 차이가
있다. 포도당을 불로 직접 태우면 아주 빠른 속도로 불꽃과 열을 내며 검게 탄다.
만약 세포가 그런 식으로 포도당을 태우면 세포는 검게 탈 것이다. 세포는 효소
를 이용하여 여러 단계를 거쳐 포도당을 태우고, 단계마다 에너지를 추출해 ATP
의 형태로 저장한다. 대사의 기본적인 원리에서 보았듯이 (6장 대사의 일반적인 원
리 참고) 세포호흡은 다른 대사과정과 마찬가지로 전자가 한 분자에서 다른 분자
로 이동하는 산화-환원 반응과 에너지를 전달하는 반응으로 이루어져 있다. 전
자는 영양물질(먹이)에서 전자전달체인 NADH, 산소로 이동하며, 먹이는 여러
단계의 화학적인 변환을 거쳐 결국 이산화탄소와 물이 된다[그림 6-21].

결론적으로 광합성과 세포호흡은 다음과 같은 관계를 갖고 있다[그림 6-22]. 세
포호흡에 관한 자세한 것은 부록 II를 참고하라.

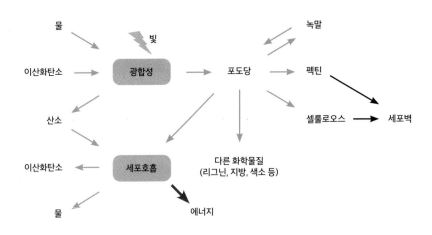

그림 6-22 광합성과 세포호흡과의 관계. 거의 정반대 과정이다.

7장

반응으로서의
식물 생리와
발달

자극에 대해서 반응하는 것은 대사 능력, 복제 능력과 더불어 생명이 갖는 특징 가운데 하나이다. 생물은 자극에 대해 반응함으로써 변하는 환경에 대처할 수 있고 내부적으로는 항상성homeostasis을 유지할 수 있다. 항상성은 세포 안의 변수들을 조절하여 내부 환경을 안정적이고 상대적으로 일정하게 유지하려는 생명계의 특성을 말한다. 또한 식물은 분열과 분화 간의 균형을 통해 정상적인 발달과 형태형성을 할 수 있다.

이 장에서는 식물 생리와 발달의 중요한 현상들을 선별하여 설명함으로써 식물이 이렇게 생존할 수밖에 없는 필연성을 알려주고자 한다.

싹은 어떻게 날까
_발아

수정이 이루어진 후 하나의 접합자가 배발생 과정을 거치고 나면, 씨는 새싹이 세상 밖에 나올 때까지 잠자면서 기다린다. 살아 있는 씨 속에서는 아주 느린 대사가 일어나 결국 발아를 하게 되기 때문에 우리는 그 씨가 휴면 상태에 있다고 말한다. 적절한 조건이 주어지면 씨는 휴면 상태에서 깨어나 단시간에 강렬한 생명력을 보여준다.

씨는 특별한 물체이다. 속이 꽉 들어차 있고, 양분을 저장하기에도 좋으며, 저온이나 지속된 가뭄에도 잘 견딜 수 있다. 또 거의 말라 있는 상태여서 곰팡이의 감염에 저항할 수 있으며 주변의 흙 색깔과 비슷하게 색을 띠어 동물들의 눈을 속인다.

씨 밖에 있는 면이 씨껍질(종피)인데 식물 종마다 색, 질감, 두께가 다르다. 씨껍질의 두께와 단단한 정도는 물이 얼마만큼 빨리 흡수되는가를 결정하기 때문에 씨가 발아하는 데 걸리는 시간을 결정한다.

씨가 발아하려면 씨껍질에 균열이 생겨 물이 잘 침투해야 하는데, 자연 상태에서는 토양에 있는 곰팡이나 세균이 씨껍질을 천천히 분해해 상처가 날 수 있고, 폭우가 오면 흙과 씨 사이에 마찰이 일어나 흠집이 날 수 있다. 단단한 씨껍질은 새의 모이집이나 동물의 위(강한 산성 환경을 가짐)를 통과하면서 흠집이 나기도 한다.

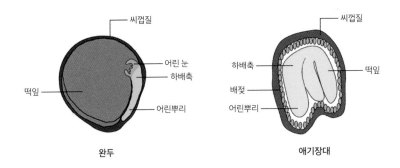

그림 7-1 씨의 구조

그림 7-2 유묘. 왼쪽은 완두이고 오른쪽은 애기장대이다.

이런 방식은 씨가 발아하기 위해서 아주 중요하다. 따라서 씨는 색깔이 예쁘고 향기가 좋으며 영양이 많은 과일 속에 있어 동물들이 그 과일을 먹도록 만든다. 이 같은 방식을 통해 식물은 멀리 퍼질 수 있다. 새가 씨를 먹었다면 멀리 날아간 새의 배설물과 함께 이동한 씨가 땅 위에 안착하는 것이다.

콩은 씨껍질이 얇아서 몇 시간 동안 물에 불리면 껍질을 쉽게 벗길 수 있다. 콩의 씨는 콩팥처럼 생긴 떡잎이 2개 있는데 이들은 양분을 저장하는 조직이다. 이 떡잎을 조심스럽게 떼어내면 씨가 배胚라는 것을 알 수 있다. 배는 발아하기를 기다리는 식물의 축소체이다. 어린뿌리(유근), 짧은 줄기, 물관을 갖고 있는 한 쌍의 여린 잎들이 있는 것이다[그림 7-1].

발아하는 동안 배는 어린 모종(seedling, 유묘)으로 자란다[그림 7-2]. 뿌리와 줄기 끝에는 분열조직이 발아 자극을 받아 일차 성장을 한다. 어린잎은 땅 밖으로 나오기 전까지는 커지지 않는다.

떡잎은 배의 일부분이지만, 자라지 않고 점차 쭈그러들면서 양분을 어린 식물로 옮긴다. 어린줄기(아지)의 밑부분인 하배축이 자라면 떡잎이 땅 밖으로 나

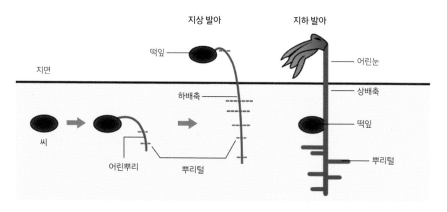

그림 7-3 지상 발아와 지하 발아

오면서 크기가 작아지고 결국 식물에서 떨어져 나온다. 떡잎이 이런 식으로 땅 밖으로 나오는 경우를 지상 발아라고 부른다. 완두의 경우는 떡잎이 땅속에 있기 때문에 지하 발아라고 한다[그림 7-3].

속씨(현화)식물의 씨들은 떡잎을 하나 또는 둘을 가질 수 있다. 떡잎을 하나 갖는 식물을 외떡잎식물이라고 하는데, 이는 진화상 나중에 나온 것으로서 잔디, 곡물(밀, 귀리, 보리, 쌀, 호밀, 옥수수, 조, 피 등), 사탕수수, 대나무, 야자, 백합, 난초 등이 있다. 쌍떡잎식물은 더 많이 있는데 장미, 완두콩, 강낭콩, 녹두, 팥, 무, 배추, 상추, 진달래, 물푸레나무, 과꽃 등이 있다(외떡잎식물과 쌍떡잎식물의 차이는 [그림 3-5] 참고).

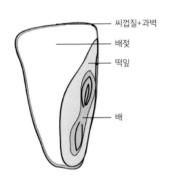

씨껍질+과벽
배젖
떡잎
배

그림 7-4 옥수수씨의 구조

옥수수의 씨는 씨껍질이 강하게 붙어 있는 가느다란 과벽에 둘러싸여 있으며 배, 하나의 떡잎, 또 다른 양분 저장소인 배젖을 갖고 있다. 옥수수자루(옥이삭)에 붙어 있는 씨의 부드럽고 하얀 부분이 배젖endosperm이다[그림 7-4].

씨의 저장 조직의 크기는 발아를 위해 씨를 어느 정도의 깊이로 심어야 하는지를 결정하는 요소이다. 만약 크기가 작은 씨를 땅속 깊이 심으면 씨가 발아하여 땅 밖으로 나오기도 전에 저장된 양분을 다 써버리게 된다. 그런 경우 일반적으로 씨의 길이보다 덜 깊게 심는다.

씨는 충분한 물, 알맞은 온도, 통풍이 잘되는 환경이 갖추어지면 발아할 수 있다. 씨가 휴면 상태에 있는 동안은 세포의 물기가 아주 적어서 발아를 못 하는데, 씨 무게의 2퍼센트만이 수분이다. 성숙한 초본식물은 약 95퍼센트가 물이다. 씨는 수분 함량이 낮기 때문에 낮은 온도를 견딜 수 있다. 물이 세포 속에서 얼면 얼음 결정이 원형질을 파괴하지만, 씨가 완전히 마르면 생명력을 잃어 발아를 못 하게 된다.

씨가 생존할 수 있는 기간은 종 그리고 저장 조건에 따라 다르다. 종자 은행에서는 씨를 저온에 보관하여 인간 활동으로 식물이 멸종하는 것을 막는다. 일반적으로 씨를 저온에 보관해야 발아능을 유지할 수 있다. 그러나 어떤 씨는 실온에서 보관하더라도 꽤 긴 기간 동안 생명력을 가질 수 있다.

씨는 마른 스펀지처럼 많은 양의 물을 흡수한다. 이 과정을 침윤이라고 하는데, 물 분자는 셀룰로오스, 단백질, 씨 속의 서로 다른 구성성분 사이사이 그리고 원형질로 스며든다. 씨가 물을 더 흡수하면 부드러워지고 부푼다.

침윤이 충분히 일어나면 씨는 최초의 크기에서 약 2배 정도 된다. 씨껍질은 씨의 내부보다 덜 부풀기 때문에 씨껍질에 균열이 일어나 더 많은 물이 씨 속으로 들어온다. 동시에 더 많은 양의 산소도 공급된다.

씨가 발아하고 나면 떡잎과 배젖에 있던 양분 곧 녹말, 단백질, 지방 등은 분해되어 운송하기 좋은 형태인 자당, 포도당, 아미노산이 된다. 이들은 분열조직에서 새 세포가 만들어지거나 성장하는 데 쓰인다. 이때 식물은 동물과 마찬가지로 세포호흡을 하게 되어 산소가 필요해진다.

배에 양분이 충분히 주어지면 뿌리는 땅으로 뻗어 나가고 삼투압을 이용해 필요한 양분과 물을 흡수한다. 그다음에 어린줄기가 자라기 시작한다. 이때 줄기의 끝은 아래쪽으로 구부러져 있어서 땅 밖으로 나올 때 분열조직을 보호한다(나중에 광형태형성에서 다시 다룬다).

성장 초기에 어린 식물은 전적으로 떡잎과 배젖의 양분에 의지한다. (이런 영양 방식을 타가영양이라 부른다.) 어린 식물이 첫 잎을 내놓아 광합성을 할 수 있게 되면 식물은 자가영양을 할 수 있다. 발아 과정은 줄기가 땅 밖으로 나오면 끝이다. 곧 줄기가 자라고 첫 번째 잎이 완전히 자란다. 땅속에서는 뿌리가 자란다.

물, 알맞은 온도, 산소 공급을 위한 토양 환경 외에도 어떤 씨들은 저온 처리, 열처리, 철저한 세척, 적색광의 조사를 비롯해 불에 그슬릴 필요가 있다. 어떤 씨들은 때가 될 때까지 발아를 하지 않기도 한다. 종이 같다고 씨 모두가 동시에 발아하는 것은 아니다. 이런 현상은 한 식물 종의 생존에 유리하게 작용하는데, 만약 모든 씨가 동시에 발아를 하면 이상 저온이나 가뭄이 왔을 때 그 식물 종이 멸종할 위험이 있다. 씨는 환경의 악조건에 가장 잘 견딜 수 있는 상태이지만, 어린 식물은 그런 환경에 가장 취약하다. 씨가 동시에 발아하는 것을 막는 원인은 씨마다 성숙하는 정도가 다르고, 씨껍질의 두께에 따라 흠집이 나는 정도도 다르기 때문이다.

발아를 방해하는 다른 요소는 씨에 있는 화학물질이다. 이런 화학물질은 강한 비로 씻어내야 한다. 종종 자몽이나 토마토 안에서 발아한 씨를 발견할 수 있는데[그림 7-5], 대부분의 과일은 특수한 화학물질이나 높은 농도의 칼륨 때문에 그 같은 일이 일어나지 않는다. 따라서 과일에서 씨를 빼내 철저히 세척하고 말린 다음 심어야 한다.

그림 7-5 토마토의 씨가 토마토 열매에서 발아한 모습

화학물질에 의한 발아의 억제에서 흥미로운 점은 같은 종 또는 다른 종의 씨의 발아를 제한된 지역 안에서 억제한다는 것이다. 이를 통해 식물은 공간을 차지하거나 모자란 양분을 확보하기 위한 경쟁을 피할 수 있다. 이런 현상을 타감작용이라 부른다. 타감작용은 방어를 하는 식물의 낙엽이나 작은 가지에 있는 화학물질이 빗물에 씻겨 그 식물 주위의 영역

이 화학물질로 포화되어 일어난다. 때로는 타감작용을 하는 식물의 뿌리에서 화학물질이 분비되는 경우가 있다. 호두나무 근처에 다른 식물을 못 심는 이유가 여기에 있다. 때로 타감작용을 이용하면 자연적으로 잡초를 제거할 수 있고, 곡물을 다른 작물과 섞어서 심을 때도 도움이 된다.

　　씨는 땅속에 있는 동안 휴면 상태에 있지만, 환경의 변화에 충분히 반응할 수 있다. 온대지방의 어린 식물이 성장기에 잘 자라게 하려면, 눈이 녹은 후 늦은 봄에 씨가 발아해야 한다. 일 년 중 후반기에 자라는 어린 식물은 실속이 없다고 할 수 있는데 그 이유는 어떤 어린 식물도 추운 겨울을 견딜 수 없기 때문이다. 그런 낭패를 피하기 위해서는 씨가 발아하기 전에 물기가 있어야 하고 낮은 온도에서 얼마동안 지내야 한다. 자연 상태에서는 정상적인 계절의 순환에 따라 저절로 이루어진다. 씨는 늦은 여름에 만들어지고, 가을비로 축축해지며, 추운 겨울을 지나 따뜻한 봄에 발아할 수 있는 것이다. 인공적으로는 씨를 두 장의 젖은 종이 사이에 넣고 한두 달 냉장고 안에 두면 춘화처리와 같은 효과를 볼 수 있다(3장과 4장 온도 참고).

　　양지에서 잘 자라는 식물의 씨는 다른 식물로 생긴 그늘에서는 발아하는 데 불리하다. 양지를 선호하는 식물의 씨는 적색광 없이는 발아를 못 한다. 태양빛은 여러 색을 갖고 있지만, 빛이 잎을 통과하면 적색광은 흡수되고 원적외선의 양이 상대적으로 많다. 따라서 그늘 아래는 적색광이 적고 발아하기 좋지 않은 환경이다. 낙엽수가 많은 숲속에서 빛에 민감한 식물의 씨는 휴면 상태를 계속 유지하다가 숲이 아직 우거지지 않고 온도와 땅의 물기가 적절한 이른 봄에 발아를 한다. 상록 열대우림에서는 아주 큰 나무가 쓰러지기 전까지는 그 안에 있는 씨들이 발아를 하지 않는다.

불에 그슬려야만 발아를 하는 씨도 있다. 그런 씨는 아주 두꺼운 씨껍질을 갖고 있고, 번개가 주기적으로 일어나서 산불이 나는 곳에 사는 식물이 만든다. 미국 남서부와 지중해성 기후를 가진 곳에 사는 떡갈나무는 작고 가죽 같은 잎과 불이 잘 붙는 가지를 갖고 있다. 이 나무의 씨는 산불에 그슬린 후 비가 오고 나면 발아한다. 지상에 있는 나무는 불에 타 재가 되면서 발아하는 씨에 영양분을 공급한다. 사막에 사는 식물의 씨는 섭씨 49도에서 일주일 정도 두어야만 발아를 한다.

휴면 상태의 시기는 식물호르몬인 지베렐린gibberellin과 아브시스산abscisic acid이 씨 안에서 어떤 비율로 존재하느냐에 따라 결정된다. 지베렐린은 발아를 촉진하고 아브시스산은 억제하는데, 씨껍질에는 아브시스산이 많이 있어 씨껍질을 마찰시켜 벗겨내면 발아를 할 수 있게 된다. 씨껍질은 수분의 통과를 막기

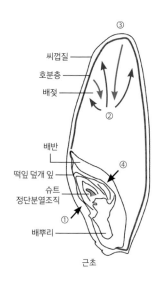

씨껍질
호분층
배젖
③
②
배반
떡잎 덮개 잎
슈트
정단분열조직
④
①
배뿌리
근초

<그림 7-6> 보리의 발아 과정 ① 물의 흡수 ② 지베렐린 이동 ③ α-아밀라아제 생성 → 배젖에서 녹말의 분해 ④ 포도당 이동

때문에 발아를 억제한다. 또 효소나 물에 분해되고 토양에 있는 미생물에 의해 깨지기 때문에 물의 침투가 쉬워진다. 씨는 부모 식물의 물관, 체관과 분리되어 건조해지면서 발아가 억제되는 효과가 나타난다.

휴면 상태가 깨질 때는 지베렐린의 양이 아브시스산의 양보다 많아지고, 씨는 지베렐린에 대한 민감도가 높아져 발아가 빨리 일어난다. 휴면은 씨가 온도가 낮은 상태에서 얼마간 있거나 습도가 높을 때 깨지는데 이때 아브시스산의 양이 줄어들고 씨는 아브시스산에 대한 반응성이 감소한다. 보리가 발아할 때 배젖이 분해되는 과정을 연구했는데 정리하면 다음과 같다[그림 7-6].

1. 씨가 휴면 상태에서 깨면 배는 지베렐린을 방출한다.

2. 지베렐린은 배젖을 둘러싸고 있는 호분층으로 이동한다.

3. 지베렐린은 호분층 세포 안에서 알파-아밀라아제α-amylase를 만들도록 신호를 보낸다.

4. 알파-아밀라아제는 배젖 안에 저장되어 있는 녹말을 당으로 분해해 배의 성장에 쓰이도록 만든다.

상추 씨는 발아하기 위해 빛이 필요하다. 씨가 빛을 받아야 씨껍질을 분해하는 효소들이 만들어지기 때문이다. 이 과정에서 광수용체의 일종인 피토크롬이 관여한다(5장 광수용체 참고). 씨가 땅속에 있을 때에는 어두운 환경에 있어서 피토크롬이 P_{fr}형에서 P_r형으로 바뀌기 때문에 발아를 하지 않는다. 씨가 그늘 아래 있어도 씨 위에서 빛을 가리고 있는 잎이 적색광을 흡수해 그늘 밑은 원적외선의 양이 적색광의 양보다 상대적으로 많다. 따라서 씨 안의 피토크롬은 P_r형이 우세하므로 발아가 되지 않는다. 씨가 빛을 받으면 씨 안의 피토크롬은 P_{fr}형이 우세하게 되어 발아를 할 수 있다. 신기한 것은 적색광R과 원적외선FR을 아무리 교대로 반복해서 비추어도 마지막에 비춘 빛이 적색광이면 발아가 일어난다는 것이다(표 5-4 참고).

담배 씨의 발아는 2단계를 거친다. 첫 번째는 씨껍질이 파열되는 단계이고 두 번째는 배젖이 분해되는 단계이다. 휴면으로부터 깨는 것은 씨가 후숙(after-ripening, 여러 달 동안 건조 보관)할 때 또는 씨에 물이 들어갈 때(침윤 시) 피토크롬이 지베렐린 생합성을 촉진함으로써 일어난다. 아브시스산은 배젖의 분해를 억제하지만 지베렐린, 에틸렌, 브라시노스테로이드는 아브시스산의 작용을 억제한다. 배젖의 분해와 세포벽을 변하게 하는 유전자 발현은 빛, 지베렐린, 에틸렌

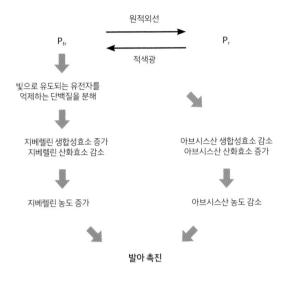

원적외선

P_{fr}　　　　　　　　　　P_r

적색광

빛으로 유도되는 유전자를
억제하는 단백질을 분해

지베렐린 생합성효소 증가
지베렐린 산화효소 감소

아브시스산 생합성효소 감소
아브시스산 산화효소 증가

지베렐린 농도 증가

아브시스산 농도 감소

발아 촉진

그림 7-7 피토크롬, 지베렐린, 아브시스산이 발아에 주는 영향

으로 촉진되고 어두운 상태darkness, 아브시스산, 삼투압작용 억제제osmoticum
로 억제된다.

유채씨는 배젖이 없기 때문에 씨껍질이 파열되고 배 뿌리가 나오면 발아가
끝난다. 아브시스산은 씨껍질의 파열을 억제하지 않고 배 뿌리의 성장을 억제한
다. 발아는 빛이 지베렐린의 양과 아브시스산의 상대적인 양을 조절하는 생합성
과정과 분해 과정을 제어하기 때문에 일어나는 것이다[그림 7-7].

식물세포는
어떻게 길어질까_신장

세포신장은 세포분열과 함께 식물 성장의 한 방법이다. 세포신장의 연구는
진화론을 주창한 찰스 다윈으로부터 시작되어 역사가 매우 길다. 초기에는 빛을

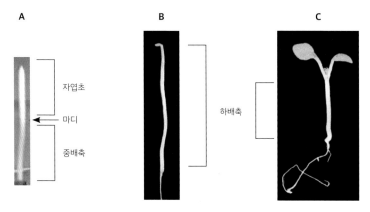

그림 7-8 신장 실험에 쓰이는 재료 (A) 빛을 주지 않고 키운 옥수수. 보통 자엽초 또는 중배축의 절편(길이가 약 1센티미터)을 이용하여 사용한다. 대개 증류수에 얼마 동안 담구었다가 쓰는데 이는 내생 옥신을 제거하고 옥신을 외부로부터 처리하기 위함이다. (B) 빛을 주지 않고 키운 애기장대 (C) 빛을 주고 키운 애기장대

주지 않고 자란 외떡잎식물(옥수수, 귀리, 쌀 등)의 자엽초나 중배축을 실험재료로 쓰다가 현재는 분자유전학 연구를 하기에 용이한 애기장대의 하배축을 이용한다[그림 7-8].

세포신장은 팽압에 따른 세포벽의 비가역적 확장으로 일어난다.[6] 어린 식물의 자엽초에 옥신을 처리하면 신장이 촉진되고 빛을 비추면 중배축의 신장은 억제된다.

5장에서 언급한 옥신의 신장 메커니즘에 관한 가설은 역사적으로 여러 가설 가운데 하나이다. 전에는 옥신을 처리한 식물 절편에 단백질 합성 억제제나 RNA 합성 억제제를 처리하면 신장이 억제되는 것을 보았고, 식물의 신장이 유전자의 발현과 관계있을 것이라고 생각했지만 지금까지도 옥신의 유도로 신장을 일으키는 단백질을 찾지 못했다. 이 실험을 통해 '성장-제한 단백질growth-limiting protein' 설이 나왔다. 이 설은 유전자의 발현과 관련이 있으므로 '유전자

---

6) 팽압으로 세포의 부피가 증가하고 세포 안으로 물이 들어오면 세포벽을 계속 밖으로 밀어내기 때문에 셀룰로오스와 헤미셀룰로오스 안에 존재하고 있던 공유결합과 수소결합이 끊어져 원래대로 돌아갈 수 없다.

활성 가설gene activation hypothesis'로도 표현할 수 있다.

　그런데 옥신을 처리하고 15분 이내에 신장이 촉진된 것을 발견한 이후로 옥신이 세포벽을 산성화하여 신장을 촉진시킨다는 가설이 나오게 되었다. 곧 옥신이 세포막에 있는 양성자 펌프를 활성화하여 양성자를 세포 안에서 세포벽 쪽으로 내보낸다는 것이다. 이 작동 원리는 단백질을 만들 필요 없이 즉각적으로 일어날 수 있다. 이 가설을 더욱 뒷받침한 것은 익스팬신expansin이라는 단백질의 발견이었다. 익스팬신은 산성 환경에서 활성을 보이고 세포벽의 셀룰로오스 미세섬유와 헤미셀룰로오스 간의 수소결합을 끊어준다. 이 같은 결과들을 바탕으로 '산-성장 가설acid growth hypothesis'이 나왔는데, 현재는 유전자 활성 가설보다는 산-성장 가설을 식물생리학 교과서에 많이 인용한다.

　식물 줄기의 신장은 일반적으로 옥신, 브라시노스테로이드, 지베렐린으로 촉진되고 에틸렌, 아브시스산으로 억제된다.

식물은 자극의 방향에
어떻게 반응할까_굴성

굴광성

　줄기가 빛 쪽으로 자라게 하는 생리적인 현상을 굴광성이라고 부른다. 굴성은 외부 자극에 대한 성장 반응이다. 줄기 위에서 빛을 비추면 줄기의 모든 세포는 동일한 신장률을 가지고 수직으로 성장한다. 그러나 다른 쪽에서 빛을 비추면 줄기는 방향을 바꾼다. 왜냐하면 그늘이 있는 쪽의 세포들이 빛 쪽에 있는 세포들보다 빠르게 자라기 때문이다. 굴광성은 태양을 좋아하는 식물에서 흔히 나

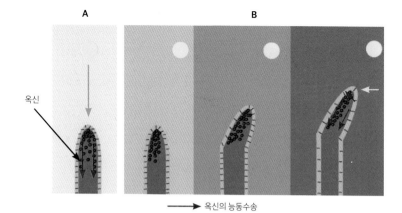

그림 7-9 광원의 위치에 따른 옥신의 위치 변화 (A) 빛을 위에서 비추면 세포막에 있는 포토트로핀이 줄기 양쪽에서 빛을 인식한다. (B) 한쪽에서 빛을 비추면 포토트로핀은 옥신을 빛을 덜 받는 쪽으로 옮긴다.

타나는 반응이다. 굴광성 식물을 실내 창가에 두면 줄기가 구부러진다. 어떤 종에서는 잎자루도 굴광성을 보일 수 있다. 그늘을 좋아하는 대부분의 식물은 빛에 거의 반응을 보이지 않거나 전혀 나타내지 않는데, 이는 실내 식물을 선택하는 데 중요한 요소가 된다.

줄기가 신장하는 정도는 옥신IAA 농도에 영향을 받는다. 빛이 줄기의 한쪽 면을 비치면 IAA는 빛이 들지 않는 쪽으로 이동하며, 빛이 들지 않는 쪽에 있는 세포들은 반대쪽에 있는 세포들보다 더 빠르게 신장한다. 그래서 줄기가 빛을 비추는 쪽으로 구부러지게 된다[그림 7-9]. 굴광성 반응에는 광수용체 중 포토트로핀(포토photo는 빛, 트로핀tropin은 구부러지게 하는 물질을 의미한다)만 관여하는 것으로 알려져 있다. 포토트로핀은 파란빛을 받으면 분해되는데 한쪽에서만 빛을 비추면 그늘진 쪽의 포토트로핀이 옥신의 이동을 촉진시킨다[그림 7-9]. 옥신의 이동은 옥신의 운송을 담당하는 세포막단백질에 의한 것이다.

굴중성

옥신에 대한 감수성이 식물의 부위마다 다르다는 것은 5장에서 다루었다[그림

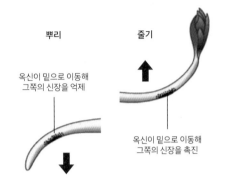

뿌리   줄기

옥신이 밑으로 이동해
그쪽의 신장을 억제

옥신이 밑으로 이동해
그쪽의 신장을 촉진

그림 7-10 옥신의 이동과 조직에 따른 굴중성 반응의 차이

5-5]. 그림에서 보듯 옥신에 대한 감수성은 뿌리가 제일 높고 그다음에 눈 그리고 줄기 순으로 감소한다. 달리 말해 줄기에서는 신장을 촉진하는 농도가 뿌리에서는 오히려 신장을 억제한다.

그러면 뿌리와 줄기가 중력 자극을 받았을 때 옥신은 어떻게 작용할까? 옥신은 뿌리가 중력 방향으로 구부러지게 하고 줄기에서는 중력 방향의 반대로 구부러지게 하는데 이런 현상을 굴중성이라고 부른다. 뿌리에 중력 자극을 주면 옥신은 중력 방향으로 이동해 아래쪽에 있는 세포들의 신장은 억제하고 위쪽의 신장은 촉진한다. 따라서 뿌리가 땅을 향해 구부러지게 되는 것이다. 줄기에 중력 자극을 주었을 때 옥신이 중력 방향으로 이동하는 것은 뿌리와 같지만, 줄기 조직의 옥신에 대한 감수성 차이로 위를 향해 구부러진다[그림 7-10].

흥미로운 것은 굴중성 반응에는 녹말체(뿌리에서는 평형석으로 부름)라는 특화된 색소체가 관여한다는 점이다. 작동 원리는 같지 않지만 이는 우리의 귀(전정기관)에 있는 평형석을 연상시킨다. 그러나 뿌리에 있는 평형석과 줄기에 있는 녹말체는 같은 것이 아니고, 작동하는 것도 서로 다르다. 줄기의 녹말체 형성에 이상이 있는 돌연변이 식물은 약한 굴중성 반응을 보인다. 뿌리에서의 평형석과 줄기에서의 녹말체가 중력에 어떻게 반응하는지 옥신의 이동과 함께 나타냈다 [그림 7-11 : 뿌리, 그림 7-12 : 줄기]. 평형석의 세포 내 이동은 세포막에 있는 옥신 수송 단백질에 영향을 주어 뿌리의 위와 아래가 차이를 보인다. 뿌리골무(근관)를 제거

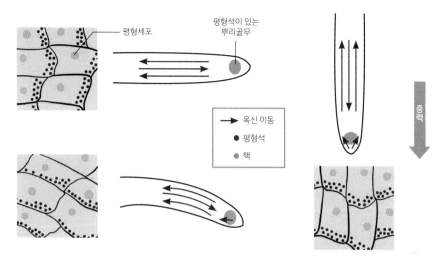

그림 7-11 뿌리에서의 굴중성, 옥신의 이동, 평형석의 위치 관계

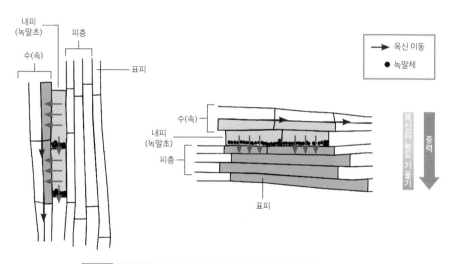

그림 7-12 줄기에서의 굴중성, 옥신의 이동, 녹말체의 위치 관계

하면 굴중성 반응이 일어나지 않기 때문에 굴중성 반응에는 뿌리골무와 같은 감지기가 중요한 역할을 한다고 생각한다.

굴중성은 씨가 발아하는 데 매우 중요하다. 씨는 땅 위에 아무 방향 없이 뿌려지지만, 씨에서 나오는 줄기와 뿌리는 방향을 잡고 중력 방향에 맞게 반응한다. 만약 씨에 그런 능력이 없다면 씨를 심는 농부가 일일이 방향을 맞추어서 심어야 할 것이다.

굴촉성

굴촉성은 접촉에 반응하는 현상인데, 덩굴손이 기댈 수 있는 물체를 감아 줄기를 지탱하는 현상에서 볼 수 있다. 물체를 감는 현상은 지지체에 직접 접촉하는 세포들에 비해 바깥쪽에 있는 세포들이 더 빨리 성장하여 생긴다[그림 7-13]. 옥신의 고르지 않은 분포가 그렇게 만들었으리라고 생각되지만, 접촉에 의한 약한 압력이 어떻게 옥신의 이동을 일으키는지는 아직 알 수 없다.

그림 7-13 굴촉성을 나타내는 덩굴손 (A) 마디풀과 식물의 덩굴손 (B) 오이의 덩굴손 (C) 아이비의 덩굴

식물도 잠을 잘까
_감성운동

저속촬영기법은 며칠의 시간을 몇 분이나 몇 초로 압축시킬 수 있다. 이 기법으로 식물의 경탄할 만한 현상들을 감상할 수 있다. 씨가 발아하는 모습, 꽃이 피

는 모습, 식물이 춤추듯 자라는 모습 등이다. 영상의 재현 속도를 늘리면 줄기가 수직으로 자라는 것이 아니라 나선형으로 자라는 것을 볼 수 있다. 이런 현상은 줄기 끝의 위치가 바뀌는 곳에서 세포가 성장하여 줄기를 다른 방향으로 밀어내어 나타나는 것인데, 이를 감성운동이라고 부른다.

감성운동은 자극(온도, 습도, 빛 등)에 대해서 방향성 없이 반응하는 운동이다. 감성운동이 일어나는 원인은 팽압이 변해서 생길 수 있고, 성장의 변화에 따라 생길 수도 있다. 감성운동이 굴성운동과 다른 점은, 굴성운동은 운동의 방향이 자극의 방향에 영향을 받는 데 반해서 감성운동은 자극의 방향과 무관하다. 그리고 굴성운동은 반드시 성장에 따른 것이지만 감성운동은 꼭 그런 것이 아니다. 감성운동과 굴성운동 모두 호르몬의 영향을 받고 자극의 세기가 증가하면 반응의 빈도가 높아진다.

갈래 잎을 가진 콩과식물인 레우캐나속Leucaena 식물, 강낭콩속 식물, 콩아과 식물은 감성운동을 보인다. 더운 이른 아침, 잎들은 수평으로 위치하고 있다가 온도가 올라가고 빛의 세기가 강해지는 낮이 되면 잎자루의 팽압 변화에 따라 오므린 뒤 빛을 받는 양을 줄인다.

미모사의 잎이나 식충식물의 잎은 접촉이나 진동에 반응하는데 이를 감촉운동이라 부른다. 미모사의 작은 잎들은 한꺼번에 접고 잎자루를 내림으로써 진동

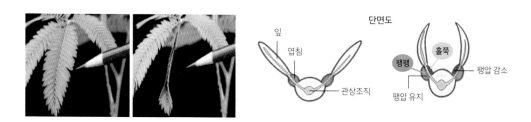

그림 7-14 미모사의 감촉운동과 작동 원리

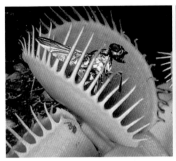

그림 7-15 파리지옥 풀이 벌레를 잡는 모습

이나 접촉에 빠르게 반응한다. 미모사 잎이 바람의 자극을 받으면 증발할 수 있는 물이 감소한다. 이렇게 움츠린 잎들은 10~20분 만에 회복한다[그림 7-14].

곤충을 잡아먹는 파리지옥 풀은 꽃잎에서와 비슷한 기전을 이용하여 곤충을 잡으며 그 속도가 매우 빠르다[그림 7-15]. 벌레를 잡을 때마다 잎의 크기가 커지는데 이는 잎이 원래대로 되돌아가지 못하기 때문이다.

감촉성 반응은 팽압운동이라고 볼 수 있다. 이는 접촉으로 세포 안에서 칼륨이온을 내보내게 되면 일종의 고장용액高張溶液에 있는 상태가 되어 물이 세포 밖으로 나가기 때문이다. 파리지옥의 잎이 갖고 있는 감각모는 30초 동안 적어도 2번 이상 전기적 신호를 만들 수 있어서 이를 통해 단순히 먼지가 감각모를 건드리는 것과 곤충이 움직이는 것을 식별할 수 있다고 생각된다.

낮   밤

그림 7-16 개자리속 식물의 수면운동

잎은 밤이 되면 수직으로 위치를 바꾸는데 이를 수면운동이라 부른다. 이름이 수면운동이라는 것이지 식물의 대사과정이 느

182

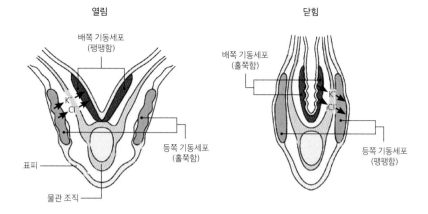

열림 닫힘

그림 7-17 칼륨 이온과 염소 이온의 이동에 따른 엽침에서의 팽압 변화와 잎의 위치 변화

그림 7-18 꽃의 감광성. 사랑초 꽃과 야래향은 서로 반대 현상을 보인다.

려지는 것은 아니다. 마란타과 식물, 개자리속 식물이 이 현상을 보인다[그림 7-16].
수면운동은 피토크롬에 따른 일주성과 온도의 영향을 받으며, 잎자루에 위치한
엽침에서 일어난다. 엽침의 팽압 변화는 칼륨 이온과 염소 이온의 이동에 따른
것이다[그림 7-17].

꽃잎은 빛의 자극을 받아 낮에는 열리고 밤에는 닫힌다. 이 현상을 감광성이

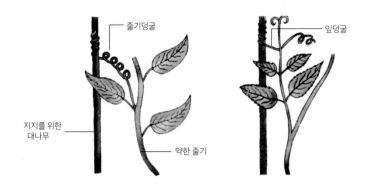

그림 7-19 덩굴식물의 감성운동

온도가 올라갈 때   온도가 내려갈 때

그림 7-20 튤립의 감열성 반응

라고 부른다. 꽃잎이 열릴 때는 꽃잎의 윗부분에 있는 세포들이 팽창을 하지만 닫힐 때는 아랫부분에 있는 세포들이 팽창을 한다[그림 7-18]. 꼬면서 자라는 식물 (덩굴식물)은 끝 부분이 원을 크게 그리면서 자란다. 또 딱딱한 물체를 만나면 그 물체를 나선으로 감아 지지력을 얻는다[그림 7-19]. 튤립은 온도가 내려가면 꽃잎 을 닫는 감열성 반응을 보인다[그림 7-20]. 곧 온도가 내려갈 때 꽃잎의 바깥쪽 면이 안쪽 면보다 빨리 자라서 꽃잎을 닫게 되고 온도가 올라갈 때는 반대 현상이 일 어나 곤충이 수분하기 좋은 상태가 된다.

그림 7-21 자루의 상편생장(A)과 잎의 하편생장(B)

식물은 잎자루나 잎의 배쪽과 등쪽의 성장 차이로 감성운동이 일어난다. 위쪽의 상대적인 성장으로 밑으로 굽어지는 현상을 상편생장이라 부르고, 그 반대의 경우는 하편생장이라 부른다[그림 7-21]. 하편생장은 잎의 가장자리가 올라가서 빛을 더 효율적으로 받게 한다.

상편생장과 하편생장은 여러 자극의 영향을 받는다. 잎의 상편생장 같은 경우, 옥신이 중심적인 역할을 하는 것으로 보인다. 옥신이 상편생장을 일으키는 이유는 등쪽 표피세포의 팽창을 촉진시키고 배쪽 표피세포의 팽창을 억제시키기 때문인데, 이는 옥신이 옥신 수송 단백질에 작용하여 배쪽으로 옥신이 이동하는 것을 억제해 등쪽으로 옥신이 축적되어 생긴 결과이다. 옥신으로 매개되는 상편생장은 에틸렌, 아브시스산, 지베렐린, 활성산소, 산화질소의 영향을 받는다. 적색광은 상편생장을 촉진하고 청색광은 억제한다.

빛이 형태를 만들고
성장을 조절한다_광형태형성

암실(빛이 없는 곳)에서 자란 어린 쌍떡잎식물의 정단 부분은 갈고리 모양을 하고 있다. 식물 줄기의 끝에는 분열조직이 있는데, 씨가 발아할 때 흙과의 마찰에 따른 정단분열조직의 손상을 줄이고자 갈고리 모양을 하고 있는 것이다. 외떡잎식물은 자엽초가 정단분열조직을 보호하고 있어 쌍떡잎식물과 다르다[그림 7-22].

빛을 받지 않은 어린 식물은 초록색이 아니라 노란 머리와 흰 줄기를 갖는다. 이는 빛이 없는 상태에서는 엽록소 합성이 이루어지지 않기 때문인데, 우리가 먹는 콩나물은 거적을 씌워 키워서 빛을 받지 못해 색깔이 초록색이 아닌 것이다.

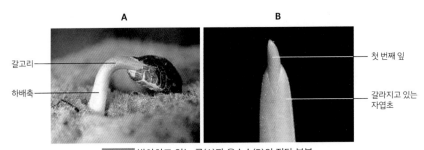

그림 7-22 발아하고 있는 콩(A)과 옥수수(B)의 정단 부분

표 7-1 | 갈고리의 형성부터 열릴 때까지

갈고리의 형성	발아 후 26시간(약 1일)
갈고리의 유지	발아 후 27~89시간(약 1~4일)
갈고리의 열림	발아 후 90~120시간(약 4~5일)

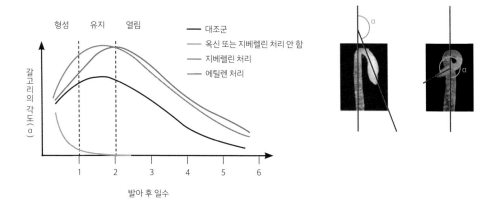

형성　유지　열림

갈고리의 각도(α)

| 대조군 |
| 옥신 또는 지베렐린 처리 안 함 |
| 지베렐린 처리 |
| 에틸렌 처리 |

1　2　3　4　5　6

발아 후 일수

그림 7-23 호르몬이 갈고리 형성에 주는 영향

애기장대의 어린 식물이 갈고리를 만들고 여는 과정을 보면 앞에 나온 표와 같다 (표 7-1).

　갈고리는 윗부분과 아랫부분의 성장과 분열이 차이가 나기 때문에 생긴다. 식물호르몬 옥신, 지베렐린, 에틸렌은 갈고리 형성을 촉진하고[그림 7-23], 빛(적색 광과 청색광)은 갈고리를 연다. 빛이 발아에 필요한 이유가 여기에 있는 것이다.

　갈고리의 아랫부분에 옥신이 쌓이면 에틸렌 생합성이 촉진된다. 갈고리에 생긴 지베렐린도 에틸렌 생합성을 촉진한다. 에틸렌은 세포의 신장과 분열을 억제해 갈고리의 윗부분과 아랫부분의 성장과 분열의 차이를 만든다. 따라서 에틸렌은 갈고리 형성을 촉진한다. 합성된 에틸렌은 옥신의 이동과 생합성, 지베렐린의 생합성을 촉진한다. 빛은 지베렐린의 생합성을 억제해 에틸렌 생합성을 줄여서 갈고리를 열게 한다. 적색광과 청색광이 관여하기 때문에 갈고리의 열림 현상은 피토크롬과 크립토크롬의 역할이 있다는 것을 알 수 있다[그림 7-24].

　갈고리가 열리면 빛을 더 많이 받게 되어 줄기(마디)의 신장이 억제되고 잎의 발생이 촉진되며(떡잎이 퍼지며) 엽록소 합성이 시작된다. 이 과정은 피토크롬이

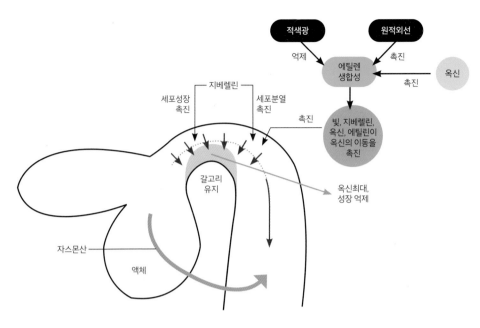

적색광 원적외선

억제 에틸렌 촉진 옥신
생합성 촉진

지베렐린

세포성장 세포분열 촉진 빛, 지베렐린,
촉진 촉진 옥신, 에틸린이
옥신의 이동을
촉진

갈고리 옥신최대,
유지 성장 억제

자스몬산

액체

그림 7-24 호르몬과 빛이 갈고리 유지에 주는 영향

빛을 받은 것 · 빛을 받지 않은 것

그림 7-25 빛을 받고 자란 식물과 받지 않고 자란 식물의 차이

조절한다. 청색광 또한 줄기의 신장을 억제한다. 어두운 곳에서 크는 콩의 어린 식물에 빛을 잠깐 한 번 비추면 몇 분 안에 줄기 신장 속도가 떨어지고 갈고리가 벌어지며 광합성에 관계하는 색소들이 만들어지는데, 이 변화 과정을 광형태형성이라고 한다[그림 7-25]. 피토크롬이 관여하는 광형태학적 변화는 발아 때뿐만이 아니라 다른 여러 가지 생리적인 반응에서도 일어난다.

지베렐린과 브라시노스테로이드는 어두운 곳(암소)에서 광형태형성을 억제한다. P_{fr}형의 피토크롬은 지베렐린에 대한 하배축의 감수성을 억제하기 때문에 지베렐린은 빛이 없을 때 하배축의 신장을 촉진한다. 이런 현상은 땅속에 있는 어린 식물이 빛을 찾으려고 길어지는 것이라고 할 수 있다. 브라시노스테로이드가 광형태형성에 관여한다는 것은 브라시노스테로이드의 합성에 문제가 있는 돌연변이에서 발견했는데. 이 돌연변이는 어둠 속에서도 마치 빛을 받고 자란 식물처럼 보인다.

가지가 나는 것은 차례가 있다
_끝눈우성과 곁뿌리

끝눈우성

곁가지를 내는 것은 영양분의 흡수와 곡물의 생산량에 관계되기 때문에 중요하다. 정원사들은 식물의 곁가지를 많이 내기 위해서는 줄기의 끝을 규칙적으로 잘라줘야 한다는 것을 알고 있다. 줄기 정단에 있는 눈이 존재하는 한, 곁눈의 형성은 억제된다. 이런 생리적인 현상을 끝눈우성(정단우성)이라고 부른다[그림 7-26]. 줄기 정단에서 멀리 떨어진 곁눈에서는 곁가지가 나올 수 있다.

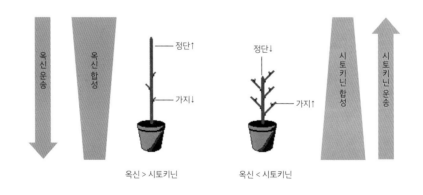

옥신 > 시토키닌 　　　 옥신 < 시토키닌

그림 7-26 끝눈우성. 화살표는 우성의 증감을 나타낸다.

줄기의 정단분열조직에서 만들어진 옥신은 곁눈의 성장을 억제한다[그림 7-26]. 정단분열조직을 잘라내고 그 자리에 옥신을 처리해도 같은 결과가 나타난다. 스트리고락톤 또한 곁가지의 형성을 억제한다. 정단에서 만들어져 뿌리로 이동하는 옥신은 스트리고락톤의 생성을 유도한다.

곁뿌리의 형성

뿌리가 낸 가지를 다른 말로 곁뿌리라고 부른다. 곁뿌리의 형성은 옥신으로 촉진되고 시토키닌으로 억제된다. 뿌리에서는 그 양상이 줄기와 정반대이다. 곁뿌리의 형성은 원뿌리의 형성과 매우 유사한데[그림 7-27], 높은 농도의 옥신 지점 (옥신최대auxin maximum라고 부른다) 형성, 뿌리골무의 형성 등이 그렇다.

어떤 식물은 베어낸 자리에 생기는 옥신으로 곁뿌리를 만들고 어떤 식물은 베어낸 자리를 합성 옥신으로 처리해야만 곁뿌리를 만들 수 있다. 이것이 취목 또는 휘문이의 원리이다. 취목은 어미나무에 붙은 가지에 상처를 낸 다음 그 가지를 땅에 묻어 뿌리를 내리게 하는 것이다. 취목이 좋은 점은 잎에서 만들어진 영양분이 뿌리로 내려가지 않고 상처 부위에 모여 물이 공급되면서 그곳에서 뿌리가 생긴다는 것이다. 뿌리가 생기면 취목한 가지는 어미나무에서 분리한다. 여기서 옥신이 뿌리 형성에 기여한다.

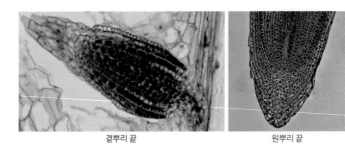

곁뿌리 끝   원뿌리 끝

그림 7-27 곁뿌리 끝과 원뿌리 끝의 비교

식물은 밤과 낮, 계절을 어떻게 알까
_피토크롬

개화와 리듬

식물이 꽃 피는 시기는 식물을 연구하는 과학자와 농사를 짓는 농부한테 큰 관심거리이다. 유전공학을 이용해서 꽃 피는 시기를 조절해 일 년에 두 번 꽃을 피게 하면 수확을 두 번 할 수 있다. 그런데 식물은 자라야 할 시기와 꽃을 피울 시기를 어떻게 알까?

식물이 시간을 알 수 있는 이유는 5장에서 다루었던 광수용체 피토크롬을 갖고 있기 때문이다. 피토크롬은 잎에 있지만 광합성에 관여하지 않고 식물의 형태를 바꾼다거나 식물 내부의 중요한 변화에 관여한다. 광화학적으로 두 가지 형태, 곧 P_r형과 P_{fr}형으로 존재하는데(5장 광수용체 참고) 생리적으로 활성이 있는 피토크롬은 P_{fr}형으로서 매우 불안정하다[그림 7-28]. 여기서 불안정하다는 말은 분해가 잘 된다는 뜻이다. P_r형은 적색광 그리고 P_{fr}형은 원적외선을 흡수한다고 했는데 두 형의 흡수스펙트럼은 그림 7-29에서 볼 수 있다.

그런데 식물의 생리를 제어하는 것은 P_{fr}형 또는 P_r형의 절대량이 아니라 두 형의 상대적인 양이다. 더 정확히 말하면, (P_{fr}형의 농도)/(피토크롬 전체 농도)의 영향을 받는다.[7] 그 이유는 수관 자체가 잎이나 식물체에 조사되는 빛의 양이나 파장에 영향을 주고 P_r형과 P_{fr}형의 흡수스펙트럼과 겹치며, 엽록소는 원적외선을 흡수하지 않기 때문이다. 곧 P_{fr}형과 P_r형의 양 모두 식물체 안에서 0이 되는 경우가 없다.

---

7) (P_{fr}형의 농도)/(피토크롬 전체 농도)를 광평형 photoequilibrium 이라고 부른다.

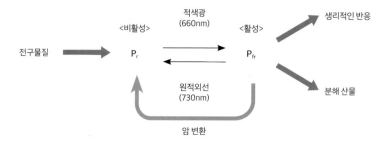

그림 7-28 두 가지 광화학적 형태의 피토크롬의 활성과 전환

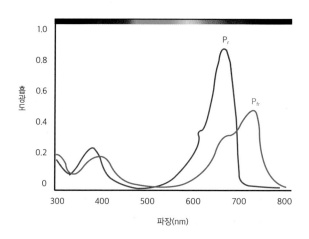

그림 7-29 피토크롬의 흡수스펙트럼

표 7-2 | 환경에 따른 적색광과 원적외선의 비율

	빛의 세기(μmol/m²/s)	적색광/원적외선 비율
대낮	1900	1.19(1.05~1.25)
해질 무렵	26.5	0.96(0.65~1.15)
수관 밑 그늘	17.7	0.13(0.05~1.15)
땅속 5밀리미터	8.6	0.88

피토크롬은 일 년 중 밤낮의 길이 곧 광주기를 잴 수 있다. 거의 모든 생물의 몸속에는 생체시계가 있는데 이를 일주성 리듬circadian rhythm이라고 부른다. 2017년 노벨 생리·의학상을 받은 분야가 이 분야이다. 식물이 이 분야에 상당히 많은 공헌을 했지만 결국 동물 분야에서만 받았다. 일 년 중 밤낮의 길이는 바뀐다. 북반구를 중심으로 보면 하지(6월 21일경) 때 낮의 길이가 가장 길고 동지(12월 21일경) 때 가장 짧다. 춘분과 추분 때에는 밤낮의 길이가 같다. 피토크롬은 밤과 낮의 비율을 잰다. 여름에는 P_{fr}형이 우세한 반면, 겨울에는 P_r형이 우세하다.

식물이 봄에 자란다고 해서 즉시 꽃을 피우는 것은 아니다. 왜냐하면 피토크롬은 생체시계의 일부이기 때문이다. 그 밖에도 따뜻한 온도, 충분한 물, 토양의 구성과 같은 다른 환경적 요소들이 작용한다. 봄에 피는 꽃은 가을에 한두 번 더 필 수 있다. 라벤더와 제라늄은 성장하는 동안 꽃을 피우고, 서향(다프네)과 금로매는 겨울에 꽃을 피운다.

식물은 일장日長 시간에 따라 장일식물과 단일식물로 구분한다(4장 빛 부분과 표 7-3 참고). 일장 시간이 12~14시간 이상이어야 꽃이 피는 식물을 장일식물이라 부른다. 3~7월에 꽃이 피는 식물이 장일식물이고, 늦은 여름과 봄에 꽃이 피는 식물이 단일식물이다. 일장 시간에 관계없이 꽃이 피는 식물을 중일식물이라 한다. 처음에는 개화 시기를 낮의 길이가 결정한다고 생각했지만 최근에는 계속되는 암기暗期의 길이가 결정한다는 것이 밝혀졌다. 곧 밤의 길이가 9시간 이상(임계 암기가 9시간 이상)이 되어야만 꽃이 피는 것이 단일식물이고, 임계 암기보다 짧아야 꽃이 피는 식물이 장일식물이다. 피토크롬은 밤의 길이를 잰다.

표 7-3 | 밤낮의 길이와 개화 시기에 따른 식물의 분류

	식물 종
단일식물	국화, 들깨, 도꼬마리, 포인세티아, 나팔꽃, 칼랑코에, 딸기, 바이올렛, 제비꽃 등
장일식물	안개꽃, 붉은토끼풀, 땅채송화, 시금치, 보리, 양배추, 클로버, 히비스커스, 피튜니아, 무, 밀 등
중일식물	발삼, 콩, 옥수수, 오이, 면화, 호랑가시나무, 진달래, 토마토, 포도, 강낭콩, 덜꿩나무 등

국화는 가을에 꽃이 핀다. 원래 국화는 단일식물인데, 낮의 길이를 줄이면 꽃이 핀다. 이때 P_{fr}형 대 P_r형의 비율이 감소한다. 이 말은 이 비율이 어느 임계점에 도달하면 꽃이 핀다는 뜻이다.

만약 매일 밤마다 국화에 섬광을 비춘다면 국화는 그것을 해가 뜨는 것으로 인지하게 된다. 이때 피토크롬의 양을 측정하면 P_{fr}형 대 P_r형의 비율이 증가한 것을 발견할 수 있을 것이다. 결국 P_{fr}형은 빛이 없는 동안 P_r형으로 변하지만 곧 진짜 해가 뜨면 그 비율은 다시 바뀔 것이다. 따라서 이런 식으로 섬광을 주면 국화는 꽃을 피울 수 있는 임계 P_{fr}형 대 P_r형의 비율에 도달하지 못하기 때문에 여름 내내 꽃을 피울 수 없다.

국화와 같은 식물은 엄격히 말해 장암식물이라고 해야 한다. 단일식물은 중단이 없는 밤의 길이가 종마다 다르지만, 일반적으로 12~14시간이다. 반면에 장일식물(단암식물)은 중단이 없는 밤의 길이가 10~12시간 이내여야 한다.

피토크롬과 개화는 어떤 관계가 있을까? P_{fr}형은 장일(여름)식물의 개화를 촉진하고 단일(겨울)식물의 개화를 억제한다. 낮의 길이가 긴 여름에는 P_{fr}형이 많아 장일(여름)식물의 개화가 촉진되고, 밤의 길이가 긴 겨울에는 P_r형이 많아져(P_{fr}형이 적어져) 단일식물의 개화가 촉진되는 것이다.

애기장대는 장일식물이다. 애기장대의 개화에 관한 작용 원리는 연구가 많이 되었는데 오래전부터 수수께끼였던 플로리겐의 정체가 최근 밝혀졌다. 플로리겐florigen은 개화를 유도하는 호르몬으로서 잎에서 만들어져 체관을 통해 꽃대inflorescence의 정단 부분으로 이동해 꽃대 분열조직을 꽃 분열조직으로 전환시킨다[그림 7-30].

플로리겐은 애기장대에서 최근 FTflowering locus T라는 단백질로 밝혀졌는

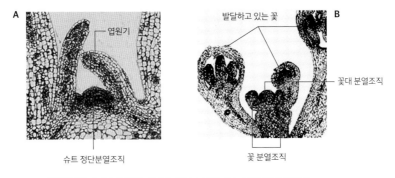

그림 7-30 애기장대 영양기(A)와 생식기(B)의 슈트 정단 지역 종단면

데, 이는 콘스탄스CONSTANS, CO라는 전사인자로 그 전사가 촉진된다. CO는 일주성 조절을 받아 이른 아침과 낮에는 CO 단백질이 분해되다가 장일 조건에서 늦은 오후에 CO의 전사와 번역이 잎에서 증가한다. CO의 분해는 피토크롬 BphyB에 의해 촉진되고 CO의 전사와 번역의 증가는 피토크롬 AphyA와 크립토크롬에 의해 촉진된다[그림 7-31]. 아침에는 phyB가 적색광을 흡수하고 CO의 발현을 억제하여 FT의 생성을 막음으로써 개화를 억제한다. 그러나 밤이 되면

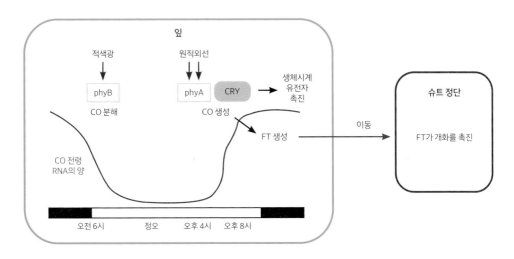

그림 7-31 애기장대(장일식물) 피토크롬과 일주성. CO는 콘스탄스 전사인자, phyB는 피토크롬 B, phyA는 피토크롬 A, CRY는 크립토크롬을 나타낸다.

phyA가 원적외선을, 크립토크롬이 청색광을 흡수하여 생체시계 유전자의 발현을 유도하고 CO의 양을 증가시켜 FT의 생성을 촉진하고 결국 개화를 유도한다. 따라서 장일 조건에서는 CO는 증가하고 FT의 생성은 촉진되어 결국 저녁에 개화를 유도한다.

조금 복잡하지만 단일식물인 벼에서는 어떻게 조절되는지 장일식물과 비교해보자. 저녁에 phyA가 원적외선을 흡수하면 생체시계 유전자의 발현을 유도하고 애기장대의 CO와 유사한 Hd1의 발현을 촉진하는데, Hd1은 애기장대의 FT와 유사한 Hd3a의 생성을 막아 개화를 억제한다. 아침에는 phyB가 적색광을 흡수하고 Hd1의 발현을 막아 Hd3a의 생성을 촉진함으로써 개화를 유도한다. 따라서 단일 조건에서는 Hd1은 억제되고 Hd3a의 생성은 촉진되어 결국 아침에 개화를 유도하는 것이다.

발아와 리듬

씨는 작을수록 유리하다. 바람이나 물로 이동하려면 가벼울수록 멀리 갈 수 있기 때문이다. 그런데 씨가 작으면 발아하고 나서 씨 속에 있는 양분을 전부 쓰기 전까지 광합성을 할 수 있는 능력을 갖추어야 한다. 따라서 씨는 광합성을 할 수 있게 하는 빛을 받기 전까지는 성장을 하지 않는다. 씨가 땅속 깊이 있거나 뿌리덮개 같은 것에 묻혀 있으면 적색광을 받지 못해 대부분의 피토크롬은 P_r형으로 존재한다. 이런 상태에서는 물, 산소, 양분이 있다 하더라도 씨가 발아하지 못한다. 곧 씨는 두껍게 덮은 흙이 없어지거나 얇아질 때까지 발아를 늦추게 된다. 상추, 무, 홍당무의 씨와 같이 작은 씨를 심을 때에는 흙을 아주 얇게 덮어야 한다. 반대로 옥수수, 콩, 완두처럼 씨가 큰 경우에는 깊게 심어도 상관이 없다.

한해살이식물 중에는 봄에 발아해서 여름에 성장하는 것이 있고, 늦여름이나 가을에 발아해서 겨울에 자라는 것이 있다. 어떤 한해살이식물은 땡볕 아래 있어도 계절이 맞지 않으면 발아를 하지 않는다. 그러면 발아를 못 하게 하는 것은 무엇일까? 여기서 다시 피토크롬이 등장한다. 앞에서도 다루었지만 적색광은 씨 속의 지베렐린의 생합성을 촉진하고 그 산화를 억제하여 발아를 촉진한다. 원적외선은 아브시스산의 생합성을 촉진하고 그 산화를 억제하여 발아를 억제한다[그림 7-7 참고].

리듬이 있는 다른 생리 현상들

광수용체를 포함하지 않더라도 식물체 안에 리듬이 있는 생리적인 현상이 많다.

- 크래슐산 대사 물질의 축적
- 잎의 위치 변화
- 줄기와 뿌리의 성장률
- 체세포분열
- 기공의 개폐
- 효소 활성률
- 호흡을 포함한 대사
- 뿌리의 무기질 흡수
- 엽록체의 이동
- 단백질의 인산화
- 꽃잎의 열림
- 세포 내 칼슘 농도의 변화

더우면 땀 대신 수증기
_식물의 온도 조절

식물은 어떻게 숨을 쉬고 더위를 해결할까

만약 수국의 잎 밑면을 아주 성능이 좋은 돋보기로 본다면 작고 통통한 입술 모양의 구조를 볼 수 있을 것이다. 이들이 기공이다[그림 7-32]. 기공은 식물이 공기와 물의 출입을 조절하는 구멍이다. 기공은 대기에 있는 이산화탄소를 잎 속으로 들여보내고 물을 수증기 형태로 나가게 한다. 기공은 콩팥처럼 생긴 두 개의 공변세포로 되어 있고 공변세포의 양 끝은 붙어 있다. 공변세포에 물이 차면, 공변세포는 서로를 밀어서 구멍이 열리게 된다. 이는 기공 쪽 공변세포의 세포벽이 바깥쪽보다 더 두껍고, 세포벽의 셀룰로오스 미세섬유가 방사상으로 배열되어 있기 때문이다.

잎은 빛을 많이 받기 때문에 온도가 오르게 된다. 온도가 너무 높아지면 잎의 생리 현상을 억제하기 때문에 온도를 떨어뜨려야 한다. 이때 기공을 열어 수분을 증발시킴으로써 온도를 낮춘다.

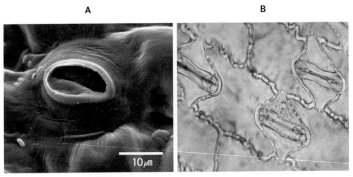

그림 7-32 (A) 토마토 잎 (B) 옥수수의 기공

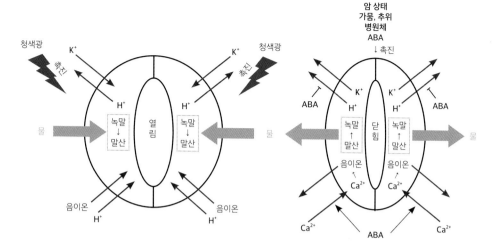

그림 7-33 기공의 개폐 메커니즘. 청색광은 공변 세포막에 있는 양성자 방출 단백질(H⁺-ATPase)을 촉진하여 H⁺를 세포 밖으로 내보낸다. 이로 인해 K⁺과 음이온이 세포 밖에서 안으로 들어온다. 녹말은 말산으로 분해된다. 세포 내 이온 농도와 말산 농도가 높아짐에 따라 물은 세포 안으로 들어와 공변세포의 팽압을 증가시켜 기공이 열리게 한다. 스트레스(가뭄, 추위 등)로 공변세포에서 ABA가 만들어지고 ABA는 Ca²⁺의 세포 내 유입을 촉진시키는 한편, H⁺의 유출을 억제한다. 유입된 Ca²⁺은 음이온의 방출을 촉진하다. 음이온과 H⁺의 유출로 세포막의 정전기 상태가 변하면서 K⁺이 세포 밖으로 나간다. 동시에 말산은 녹말이 된다. 이는 공변세포에서 물을 빠지게 해 기공이 닫히게 한다.

 그러면 기공은 어떻게 열릴까? 기공을 둘러싸고 있는 공변세포에는 빛과 이산화탄소의 농도를 감지할 수 있는 수용체가 있다. 공변세포가 빛(더 정확하게 말해서 청색광)과 이산화탄소의 낮은 농도를 감지하면 수소 이온을 세포 밖으로 능동적으로 이동시킨다. 공변세포 안은 세포 밖과 비교해서 상대적으로 음전하를 띠게 되고 세포 밖에 있는 칼륨 이온(K⁺)을 세포 안으로 능동적으로 끌어들인다. 따라서 공변세포의 수분 퍼텐셜이 감소하여 삼투현상에 따라 물이 공변세포 안으로 들어오고 공변세포의 팽압이 증가하면서 공변세포 사이가 벌어져 기공이 열리는 것이다.

 또한 공변세포는 광합성을 할 수 있는 엽록체가 있어 녹말을 만들 수 있다. 광합성으로 만들어진 녹말은 분해되어 유기산(말산)이 되고 공변세포의 용질 퍼텐셜(곧 수분 퍼텐셜)을 감소시키는데 이 또한 물을 공변세포 안으로 끌어들인다.

식물호르몬 아브시스산은 수소 이온의 방출과 칼륨 이온의 유입을 막아 기공이 열리는 것을 억제한다. 아브시스산은 건조할 때 많이 생성되는데, 이는 기공을 닫게 하여 수분의 손실을 막는다[그림 7-33].

양지식물은 그늘을 싫어하고
지기도 싫어한다_음지회피현상

식물은 제한된 자원을 놓고 주위의 다른 식물과 경쟁해야 한다. 큰 식물 밑에서 자라는 식물은 그늘진 곳에 있기 때문에 빛을 더 많이 받기 위해 자기의 잎을 더 높은 곳에 있게 하려고 성장 양상을 바꾼다. 하배축, 마디사이(절간), 잎자루의 신장이 증가하고 잎은 하편생장(잎의 면이 위로 향하는 동시에 잎의 면적은 증가하는 생장)을 하며(그림 7-21 참고) 가지의 수는 줄어든다. 또한 꽃이 일찍 피게 되는데 이를 음지회피현상이라고 부른다. 이는 식물 간에 일어나는 현상으로, 궁금한 것은 식물이 주위에 경쟁자가 있다는 것을 어떻게 아느냐 하는 것이다. 식물은 주위의 다른 식물들 때문에 생기는 여러 가지 작용인들을 인지함으로써 음지회피현상을 보인다. 작용인들에는 빛의 질과 양, 물리적인 자극, 주위 식물이 발산하는 휘발성 물질이 있다.

음지회피현상에서 나타나는 잎의 위치 변화는 그늘 아래서 성장하는 식물이 광합성 효율을 높이기 위해 취하는 방법 가운데 하나이다. 잎의 위치에 따라 광합성 효율이 어떻게 달라지는지를 정량적으로 보면 음지회피현상이 왜 일어나는지 이해할 수 있다. 그림 7-34에 나타나 있듯이 잎이 위치하는 각도에 따라 광합성 효율이 달라진다. 그렇다면 음지회피현상에서 볼 수 있는 잎의 변화는 어

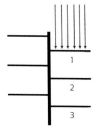 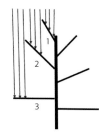

그림 7-34 잎의 위치에 따른 광합성 양의 변화. 왼쪽 식물의 잎은 수평으로 놓여 잎 1이 잎 2와 3으로 가는 빛을 차단한다. 오른쪽 식물의 잎 1은 수직 방향으로 서 있고 잎의 위치가 내려가면서 점점 수평으로 향한다. 오른쪽에 있는 식물이 왼쪽에 있는 식물보다 광합성 효율이 1.8배 더 높다는 실험 데이터가 있다.

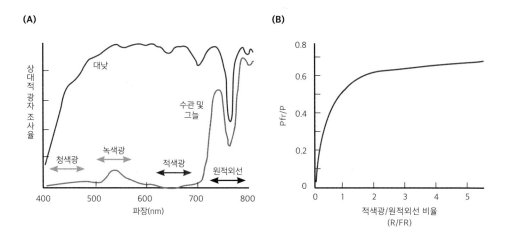

그림 7-35 광평형 (A) 낮 동안 지구 표면에서의 빛의 광자 조사율과 수관 및 그늘 에서의 광자 조사율. 낮 동안은 적색광이 원적외선보다 우세하나 그늘 밑에서 는 원적외선이 적색광보다 우세하다. (B) 적색광/원적외선 비율에 따른 피토크 롬 전체 농도에서 P_{fr}형이 차지하는 비율. 적색광의 양이 원적외선보다 2배일 때 P_{fr}/P는 포화된다.

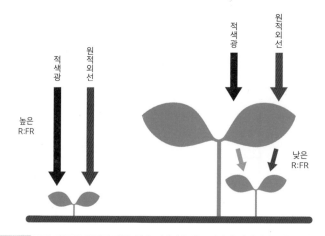

그림 7-36 잎에 의한 빛의 질적 변화. 잎은 적색광을 흡수하지만 원적외선은 흡수하지 않는다.

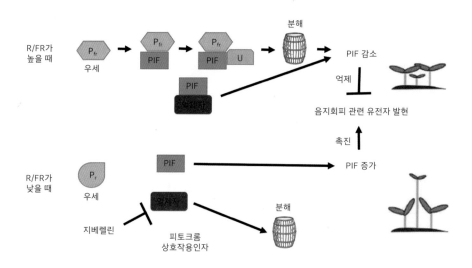

그림 7-37 음지회피현상. 햇빛에서는 적색광이 원적외선보다 많으므로 피토크롬(phyB)은 활성 상태인 P_{fr}형으로 핵 안에서 광형태형성을 억제하는 PIF(피토크롬 상호작용인자)와 결합하고 유비퀴틴 리게이스 복합체가 유비퀴틴(U)을 붙여 PIF를 분해한다. 동시에 지베릴린이 없는 상태에서 억제자(자세히는 DELLA)가 PIF와 결합해 DNA와의 결합을 방해한다. 결국 PIF의 양이 감소하여 광형태형성이 일어나게 된다. 잎 아래의 그늘에서는 적색광이 원적외선보다 적으므로 비활성형인 P_r형이 우세하고 PIF와 결합하지 않는다. 동시에 지베릴린은 핵 안으로 들어와 억제자의 분해를 촉진하여 PIF의 양이 증가한다. 증가한 PIF는 광형태형성을 억제한다.

떻게 일어날까? 이는 피토크롬이 빛의 질적 변화를 인식하기 때문에 생기는 일인데 한낮의 빛과 해가 질 때, 수관 밑 적색광:원적외선의 비율R:FR이 달라져 결국 (P_{fr}형의 농도)/(피토크롬 전체 농도)가 변한다(표 7-2, [그림 7-35] 참고). 해가 질 때와 수관 밑 R:FR는 한낮의 R:FR보다 낮기 때문에 (P_{fr}형의 농도)/(피토크롬 전체 농도)는 더 높아진다[그림 7-36]. 결국 적어진 P_{fr}형(곧 많아진 P_r형)의 조건에서 광형태형성을 억제하는 피토크롬 상호작용인자Phytochrome interacting factor, PIF의 양이 증가해 줄기의 신장이 촉진되는 음지회피현상이 일어난다[그림 7-37]. 이 과정을 보면 피토크롬 신호전달 체계와 지베렐린 신호전달 체계가 억제자로 공유하는 부분이 있음을 발견할 수 있다. (부록 그림 I-8 참고)

음지회피현상은 광합성으로 생산한 에너지를 줄기 신장에 소비하는 것이기 때문에 곡물의 수확량에 영향을 줄 수 있다. 북미 원주민들은 옥수수를 띄엄띄엄 심어서 재배했는데 키가 작은 옥수수를 다수 생산했다. 현재 옥수수를 키우는 농부들은 고밀도에서 잘 자라는 품종을 육종하여 식물 개체당 수확량을 늘리지 않고 제한된 면적에 많이 심어 수확량을 늘리고 있다. 고밀도에서 잘 자라는 품종은 빛을 더 잘 받을 수 있도록 잎들이 직립해 있다.

설익은 과일을 익히려면
_과일의 성숙

어떤 과일은 알의 크기가 커져도 녹색을 띠고 있다면 먹기에 적합하지 않은 경우가 많다. 어렸을 때 풋사과나 풋복숭아를 먹고 배탈이 난 기억이 있다. 옛날 사람들은 왜 그런지는 몰라도 연기가 과일의 성숙을 촉진한다는 것을 알았다.

고대 이집트 사람들은 무화과를 연기로 성숙시켜 먹었고 중국인들은 방 안에 배를 놓고 향을 피웠다. 연기가 과일을 익게 할 수 있는 것은 연기 속에 에틸렌이 있기 때문이다. 에틸렌은 과일을 성숙시키고 꽃을 노화시키는 대표적인 기체 호르몬이다. 익지 않은 과일을 사과처럼 에틸렌을 많이 생성하는 과일과 함께 봉지 안에 넣고 밀폐를 하면 익힐 수 있다. 예전에 바나나를 수입할 때 설익은 바나나는 산소가 없는 상태(이산화탄소나 질소를 넣고 밀폐시킨 상태로, 에틸렌을 만들기 위해서는 산소가 필요하다)로 국내에 들어온 뒤 에틸렌 처리를 해서 팔 수 있는 상태로 만들었다. 칼로 상처를 낸 사과는 에틸렌을 많이 만드는데 이처럼 손상에 의해서도 에틸렌이 만들어진다.

과일이 성숙할 때는 여러 가지 생화학적 변화가 일어난다(표 7-4). 우선 녹색 엽록소가 분해되어 노란색, 오렌지색, 빨간색이 많아진다. 외부의 위협으로부터 자신을 지키려고 만들어내는 탄닌(떫은맛을 갖고 있다)은 점차 당糖으로 변하여 씨를 퍼뜨리는 동물들을 유혹한다. 그리고 에틸렌에 의해 과일의 세포막은 파괴되

표 7-4 | 과일의 성숙 전후의 변화

설익은 과일		과정	익은 과일	
물리적 상태	화학적 원인	생성효소	화학적 원인	물리적 상태
녹색	엽록소	가수분해효소	안토시아닌	적색
딱딱함	펙틴	펙티나아제	적어진 펙틴	부드러움
신맛	산	인산화효소	중성	중성
서걱서걱한	녹말	아밀라아제	당(糖)	달고 즙이 많은
		에틸렌		

표 7-5 | 전환성 과일과 비전환성 과일의 예

식물 종	
전환성 과일	사과, 살구, 아보카도, 바나나, 블루베리, 망고, 파파야, 감, 배, 칸탈루프, 토마토, 수박, 키위, 자두
비전환성 과일	체리, 포도, 레몬, 파인애플, 딸기, 오렌지, 멜론

고 세포벽은 부드러워진다. 이런 과정은 결과적으로 과일을 급속도로 파괴해서 과일 안에 있는 씨가 나오도록 만든다. 이렇게 익은 과일은 곰팡이의 온상이 되기도 한다. 변화가 일어난 이후에는 맛있어 보이면서 단맛이 나는 과일이 되어 동물에게 먹히는데 이때 씨가 멀리 퍼질 수 있다.

과일의 성숙은 과일이 가지에 달려 있거나 수확한 이후에 일어날 수 있다. 곧 과일은 세포호흡의 양상과 성숙의 특징에 따라 분류할 수 있다. 토마토, 바나나,

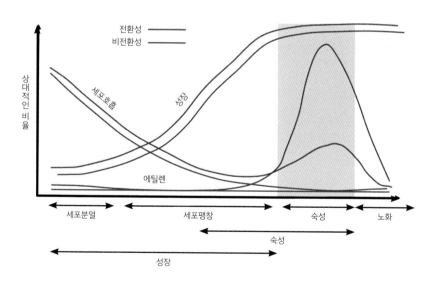

그림 7-38 전환성 과일과 비전활성 과일의 성장, 세포호흡, 에틸렌 생성, 숙성, 노화의 일반적인 경향

아보카도는 가지에 달린 상태에서는 덜 익은 상태이기 때문에 먹을 수 없다. 이런 과일을 전환성 과일climacteric fruit이라고 한다. 전환성 과일은 식물체에서 떨어지고 나서 성숙하는 과정 중에 대량의 에틸렌을 만들고 이 에틸렌에 의해 한 번의 세포호흡을 한다. 반면에 딸기, 오렌지, 포도는 익어서 먹을 수 있을 때까지는 가지에 매달려 있어야 한다. 이런 과일을 비전환성 과일nonclimacteric fruit이라고 한다. 비전환성 과일은 식물체에 달린 채 성숙하고, 성숙하는 과정 중에 적은 양의 에틸렌을 만들며 감소하는 호흡 반응을 보인다[그림 7-38]. 표 7-5에서는 전환성 과일과 비전환성 과일의 예를 들었다.

잎은 어떻게 늙고 떨어질까
_노화와 탈리

날씨가 추워지는 초겨울이 되면 잎은 더 이상 생리활동을 할 수 없게 된다. 이때 토양의 온도가 낮아져 뿌리는 수분을 잎으로 잘 보내지 못하고 햇빛은 건조한 날씨 속에서 잎에 있는 수분을 증발시킨다. 나무는 이런 저온 스트레스를 줄이기 위해 잎을 없애야 겨울을 날 수 있다.

단풍나무는 날씨가 추워지면 잎과 가지 사이에 탈리脫離층이 생긴다. 잎의 산성도가 높아지면 엽록소가 분해되어 단풍이 든다. 단풍의 색은 잎 속에 있는 카로틴, 잔토필, 안토시아닌 등의 색소가 있기 때문인데 카로틴은 많은 경우에 잎을 노란색으로 변하게 하고, 안토시아닌은 잎을 붉게 만든다. 갈색으로 변하는 잎은 탄닌계 물질이 생성되면서 떨어지는 잎이다.

과일이 성숙하면 노화 현상을 보이며 이 현상 또한 호르몬의 영향을 받는다.

잎이 탈리를 준비할 때 노화 과정을 거친다. 노화 현상은 비가역적인 현상이기 때문에 식물은 때 이르게 늙는 것을 막아야 한다.

세 가지의 식물호르몬 곧 옥신, 지베렐린, 시토키닌은 세포의 기능과 구조를 유지시킴으로써 노화를 막는 기능을 갖고 있다. 시토키닌의 '시토'는 '세포'라는 의미를 갖고 있고 '키닌'은 '움직임'이라는 뜻을 갖는 그리스어에서 왔다. 시토키닌은 근본적으로 세포의 분열을 촉진하는 호르몬이다.

이 세 가지 호르몬과 반대로 작용하는, 곧 노화를 촉진하는 호르몬이 있다. 기온의 계절적 변화나 낮의 길이와 같은 외부 환경 요인, 세포 내부의 생화학적 신호들은 노화를 억제하는 호르몬과 촉진하는 호르몬의 균형을 바꾼다. 나중에 알려진 것으로는 잎의 탈리 현상은 아브시스산보다 에틸렌의 역할이 더 많은 것으로 나타났다.

탈리 이전에 일어나는 잎의 노화는 엽록소가 파괴되고 잎자루에 있는 세포

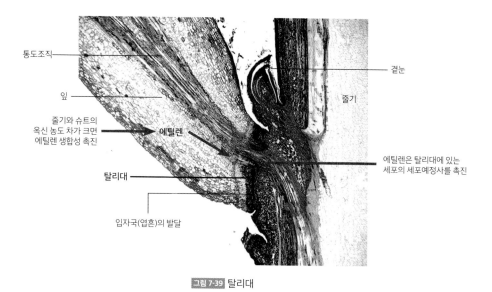

통도조직

잎

줄기와 슈트의
옥신 농도 차가 크면
에틸렌 생합성 촉진

에틸렌

탈리대

입자국(엽흔)의 발달

곁눈

줄기

에틸렌은 탈리대에 있는
세포의 세포예정사를 촉진

그림 7-39 탈리대

벽이 약해지는 것인데 이런 현상이 일어나는 부위를 특히 탈리대라고 부른다[그림 7-39]. 봄과 여름에 잎에서 만들어진 옥신은 탈리대가 변함없이 유지된다. 밤의 기온이 떨어지고 낮의 길이가 짧아지는 가을에는 잎에서 옥신 생성이 감소하고 에틸렌 생성이 증가한다[그림 7-39]. 이 에틸렌은 세포벽에 있는 셀룰로오스와 펙틴의 효소에 의한 분해를 촉진한다. 탈리대에만 에틸렌이 작용하는 것은 호르몬의 정확한 조절 현상의 한 예라고 볼 수 있다. 이런 원리를 이용하여 과일의 이른 탈리를 막기 위해 합성 옥신을 과일에 처리해준다. 탈리가 일어나기 전에 노화하는 잎은 가지고 있던 영양분을 분해하여 필요한 곳에 옮긴다.

꽃을 피우려면 협동해야 한다
_꽃의 형성

식물의 성장 양상이 영양생장에서 생식생장으로 바뀌면 영양생장기의 분열조직은 1차 꽃대 분열조직primary inflorescence meristem으로 전환한다. 이때 1차 꽃대 분열조직은 꽃과 잎을 만드는데, 이 잎의 곁눈에는 2차 꽃대 분열조직secondary inflorescence meristem이 만들어져 1차 꽃대 분열조직의 발달 양상을 반복한다. 1차 꽃대 분열조직과 2차 꽃대 분열조직은 무한성장을 하지만 꽃을 만드는 꽃 분열조직floral meristem은 유한성장을 한다[그림 7-40].

꽃에는 4가지 기관이 있고 이들은 동심원 모양으로 발달을 시작한다. 이 동심원을 화륜이라고 부른다. 제일 바깥에 있는 제1 화륜은 꽃받침으로 이루어져 있다. 제2 화륜은 꽃잎으로 구성되어 있고 제3 화륜에는 수술이 있다. 제일 안쪽에 있는 제4 화륜은 암술이다[그림 7-41A].

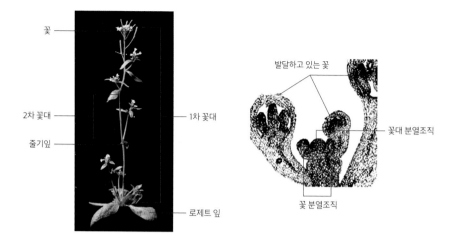

그림 7-40 개화한 애기장대의 사진. 슈트 정단분열조직의 발달 단계에 따라 상이한 기관을 만든다.

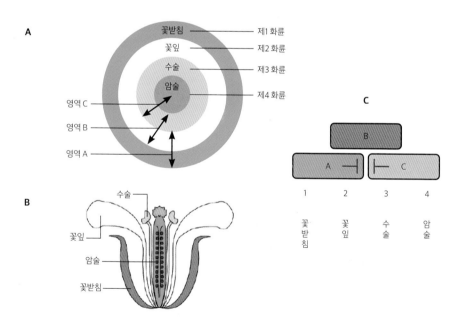

그림 7-41 애기장대의 꽃 구조 (A) 화륜과 영역으로 본 꽃의 구조 (B) 애기장대의 꽃 구조 모형 (C) ABC 모델

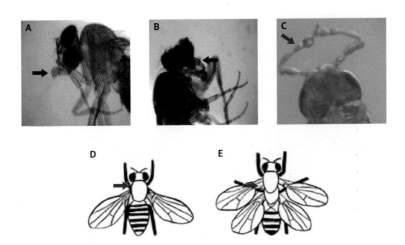

그림 7-42 초파리 호메오 돌연변이 (A) 야생형. 화살표는 더듬이를 가리킨다. (B) (C) 안테나페디아 돌연변이. 화살표는 다리를 가리킨다. (D) 야생형. 화살표는 흉관 하나를 가리킨다. (E) 바이소락스 돌연변이. 화살표는 흉관 둘을 가리킨다.

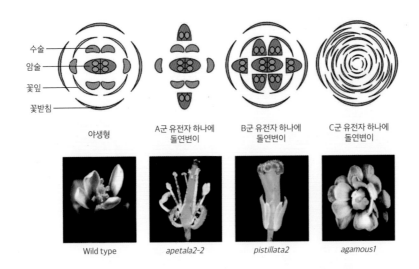

그림 7-43 꽃 기관 정체성 유전자의 돌연변이가 꽃의 표현형에 주는 영향. A군 유전자에 돌연변이가 생기면 꽃받침이 암술로 대체되고 꽃잎은 수술로 대체된다. B군 유전자에 이상이 생기면 꽃잎이 꽃받침으로 대체되고 수술이 암술로 대체된다. C군 유전자에 이상이 있으면 수술이 꽃잎이 되고 암술이 꽃받침으로 대체된다.

애기장대의 돌연변이 연구를 통해 꽃의 발달을 조절하는 두 가지 집단의 유전자가 발견되었다. 하나는 꽃 분열조직 정체성 유전자floral meristem identity gene이고 다른 하나는 꽃 기관 정체성 유전자floral organ identity gene이다. 꽃 기관 정체성 유전자는 호메오 유전자homeotic gene라고도 부른다. 이 유전자에 돌연변이가 생기년 세포의 운명이 바뀌게 된다. 이런 종류의 돌연변이는 초파리에서 처음 발견되었는데, 가장 많이 접하는 예가 초파리의 더듬이가 다리로 바뀐 돌연변이(안테나페디아, antennapedia)와 가슴관이 2개로 늘어나는 돌연변이(바이소락스, bithorax)이다[그림 7-42]. 식물에도 이런 호메오 돌연변이가 발견되었다.

꽃 기관 정체성 유전자는 영역에 따라 A군, B군, C군으로 나뉜다. 현재 애기장대에서 밝혀진 것으로는 A군에 두 가지 유전자[8], B군에 두 가지 유전자[9], C군에 한 가지 유전자[10]가 밝혀졌고 모두 전사인자들이다. 이후에 D와 E군 유전자가 밝혀졌다. 그림 7-41C에서 볼 수 있듯이 꽃받침과 꽃잎을 만들기 위해서는 A군과 B군 유전자 활성이 모두 필요하다. B군과 C군 유전자의 활성은 수술을 만드는 데 필요하고 C군 유전자 단독으로는 암술을 지정한다. 이것이 애기장대와 금어초의 돌연변이체를 종합하여 만든 꽃 형성의 ABC 모델이다. 여기서 한 가지 덧붙일 만한 것은 A군 유전자와 C군 유전자는 길항적으로 작용한다는 것이다[그림 7-43].

A군, B군, C군 유전자 모두 이상을 갖고 있다면 어떻게 될까? 그런 돌연변이

---

8) 아페탈라 1(*APETALA 1*), 아페탈라 2(*APETALA 2*)가 있다. A는 없다는 뜻을 가진 접두사이고 PETALA는 꽃잎에서 나와서 꽃잎이 없는 돌연변이체에서 발견된 것을 알 수 있다.

9) 아페탈라 3(*APETALA 3*)과 피스틸라타(*PISTILLATA*)가 있다. *PISTILLATA*는 암술(PISTIL)이라는 단어에서 왔으므로 암술이 많다는 것을 의미한다.

10) 아가모스(*AGAMOUS*)가 있다. A는 없다는 뜻을 가진 접두사이고 GAMOUS는 배우자(gamete)의 의미에서 유래되었으므로 수술과 암술이 없는 것이다.

그림 7-44 돌연변이(왼쪽)와 괴테(오른쪽)

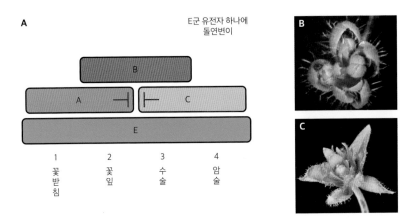

그림 7-45 ABCE 모델과 돌연변이체 (A) ABCE 모델 (B) E군 유전자에 이상이 생길 때 나오는 표현형. 꽃받침만 있다고 해서 이름은 세팔라타(*SEPALLATA*)이다. (C) A군, B군, C군 유전자에 모두 돌연변이가 있는 꽃. 잎만 있는 표현형이 E군 돌연변이 꽃과 유사하다.

는 잎만 갖게 된다[그림 7-44]. 이 사실은 독일의 문호인 괴테J. W. von Goethe가 『식물의 형태형성을 해석하기 위한 시도(1790)』에서 꽃이 잎의 변형이라고 말한 것을 연상하게 한다[그림 7-44].

C군 유전자에 이상이 있는 돌연변이체agamous와 유사한 돌연변이체의 3가지 유전자가 동시에 이상이 있을 때 꽃받침으로만 구성된 꽃을 형성했다. 이로써 A군, B군, C군 유전자 외에 다른 유전자가 존재함을 알았다. 이 유전자는 A군, B군, C군 유전자의 활성이 필요한 유전자인 것으로 밝혀져 E군 유전자라고 부

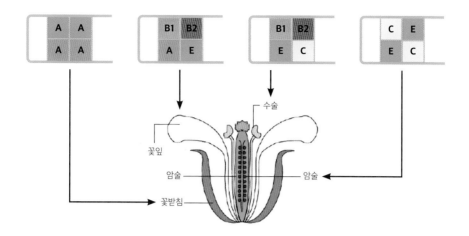

그림 7-46 상이한 전사인자들의 조합적 협동에 따른 꽃 기관 형성. 거리상 떨어져 있더라도 DNA(파란 실선)가 굽어 A, B1, B2, C, E 군의 전사인자들이 조합할 수 있다. B1, B2는 같은 B군에 있는 상이한 전사인자들이다.

른다. 곧 ABC 모델에서 ABCE 모델로 수정되었다[그림 7-45]. E군 유전자[11]는 꽃 기관 정체성 유전자이다. 이 전사인자들은 서로 협동하여 하나의 아름다운 꽃을 만든다[그림 7-46].

식물도 근친결혼은 하지 않는다 _자가 불화합

인류는 오랫동안 근친결혼을 금기시해왔다. 그 이유는 인류의 진화 과정에

---

11) E군 유전자에는 세팔라타(*SEPALLATA, SEP*)가 있고, 4개의 유전자(*SEP1, SEP2, SEP3, SEP4*)가 있다.

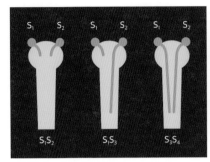

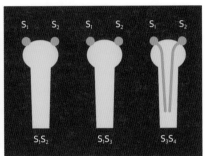

A   B

감자, 야생 토마토, 담배, 피튜니아, 사탕무,   순무, 양배추, 브로콜리, 콜리플라워(꽃양배추)
미나리아재비, 백합, 장미, 기타 초본식물

그림 7-47 두 가지 자가 불화합. A의 경우를 배우체적 자가 불화합이라고 부르고, B의 경우를 포자체적 자가 불화합이라고 부른다.

서 근친상간 또는 동종교배가 가져오는 치명적인 유전적 결함을 막기 위해서이다. 근친혼을 하면 유해한 열성인자들이 나타나 다음 세대에 좋지 않은 결과를 나타낸다. 식물에도 같은 계통 간의 수분으로 결실을 맺지 못하게 하는 자가 불화합 현상이 있다. 이를 통해 새로운 인자형을 발현하게 되어 지구에서 생존할 확률을 높인다.

자가 불화합성은 S 대립인자[12]라는 다중 대립인자multiple allele가 관여하는데 수술 또는 꽃가루의 S 대립인자와 암술의 S 대립인자가 달라야지만 수정이 가능하다. 이런 현상은 동물의 조직 이식과 정반대 현상이다. 동물의 조직 이식에서는 공여자의 조직과 수혜자의 조직의 면역학적 대립인자가 다르면 거부반응이 일어난다. 이렇게 식물은 잡종강세의 원칙을 지켜 나가 세대를 거치더라도 약해지지 않는다. 식물은 자가 불화합성처럼 생화학적인 방식 말고도 수술과 암

---

12) 대립인자(allele)는 대립유전자라고도 하며, 한 쌍의 상동염색체에서 서로 다른 형질(표현형)을 갖는 유전자이다. 이 두 유전자는 상동염색체상에서 동일한 위치에 있다.

술의 위치 차이나 생성 시기의 차이를 둠으로써 자가수분을 막기도 한다.

자가 불화합성이 일어나는 방식에는 두 가지가 있다. 하나는 꽃가루가 암술머리에서 발아해 꽃가루관이 길어질 때 터져버리는 것이 있고[그림 7-47A], 다른 하나는 꽃가루가 아예 발아를 못 하거나 암술머리에 침입하지 못하는 것이 있다[그림 7-47B]. 왼쪽의 경우는 자가 불화합이 반수체n인 꽃가루의 인자형S 하나로 결정된다. 따라서 인자형이 다르기만 하면 발아해서 수정까지 갈 수 있다. 오른쪽의 경우, 자가 불화합이 이배체2n 포자체로 결정된다. 그림 7-47B에서 보면 꽃가루의 S_1과 S_2는 같이 행동하는 것처럼 보인다. 따라서 두 가지의 S 대립인자 중 어느 하나라도 같으면 발아 자체가 허용이 안 된다.

해를 따라다니는 것
_향일성

양지식물은 해가 비추는 방향으로 줄기를 구부린다. 더 정확히 말하면 해를 향해서 자라는 것인데, 이렇게 줄기에서 빛을 받는 부위와 빛을 덜 받는 부위의 성장 속도 차에 의해 생기는 현상을 굴성에서 다루었다. 그러면 해바라기 꽃이나 알팔파alfalfa·콩·강낭콩 잎 등이 해를 따라다니는 것도 같은 원리일까?

해바라기 꽃이, 해가 뜰 때 동이 트는 동쪽을 바라보다가 해가 질 때 서쪽을 바라보는 것은 향일성向日性 때문이다. 잎과 줄기의 굴광성 반응은 식물호르몬 옥신이 빛을 받는 쪽에서 빛을 덜 받는 쪽으로 이동해서 생기는데, 향일성 반응은 잎 기부에 엽침이 있어 미모사의 수면운동처럼 빛을 받았을 때 이온이 이동하고 가역적可逆的인 삼투압 변화를 일으켜 잎이 움직인다.

그런데 해바라기 꽃은 그 밑으로 이어지는 줄기에 엽침 같은 구조가 없어 다른 방향으로 생각을 해야 한다. 2016년 8월 〈사이언스〉지에 발표된 실험에서 해바라기 꽃의 향일성은 빛을 비춘 부분과 비추지 않은 부분의 차별적 성장에 의할 것이라는 가설 아래 이루어졌다. 향일성은 일주성의 조절을 받는다. 성장과 향일성은 직접적 연관이 있어 성장이 멈추면 향일성도 멈춘다. 따라서 향일성은 이온의 이동에 따른 가역적인 변화에 의한 것이 아니라 비가역적인, 서로 차이 나는 성장에 따른 것이다.

해바라기 꽃의 향일성은 일주성의 영향을 받지만, 일주성의 영향을 받는 유전자들의 발현은 빛을 비추는 쪽(동쪽)이나 비추지 않는 쪽(서쪽)이나 서로 차이가 없다. 반면에 옥신에 의해 촉진되는 유전자의 발현은 양쪽이 차이를 보인다. 이는 옥신의 차등적 분배가 일주성의 영향을 받는다는 증거이다.

해바라기 꽃은 성숙하면 꽃 머리가 동쪽으로 고정되는데, 이는 동쪽을 향한 굴광성이 향일성보다 강한 까닭이다. 해바라기 꽃이 해가 있는 쪽으로 방향을 잡으면 꽃의 온도가 올라가 수분을 도와주는 곤충이 더 잘 찾아온다는 이점이 있고, 향일성은 광합성의 양과 성장을 늘려준다.

가을이 되면 식물은 왜 월동 준비를 할까
_단풍

추분이 지나면 낮의 길이가 짧아져 나무들 대부분은 잎에 있는 양분을 줄기나 뿌리로 내보내기 시작한다. 물도 조금만 빨아들인다. 성장도 멈춘다. 엽록체를 분해하여 그중 필요한 물질만 저장한다. 월동에 대비해 탄수화물과 단백질을 분해하고 뿌리와 줄기로 보내 저장한다.

엽록체 분해로 엽록소의 녹색은 사라지고, 많은 엽록소에 파묻혀 있던 카로티노이드와 안토시아닌 색소의 색이 나타난다. 추위에 세포가 얼지 않도록 물을 세포 밖으로 내보내 세포질의 농도를 높인다. 이것이 우리가 알고 있는 단풍인데, 인간에게는 보는 즐거움을 주는 것이고 식물로서는 월동 준비가 시작된 것이다.

단풍이 들지 않고 잎자루에 탈리대가 생기지 않는다는 것은 월동 준비를 못 한 증거다. 따라서 냉해에 약해진다. 도시의 가로등 옆에 있는 나무는 광주기를 착각하기 때문에 단풍이 들지 않고 역시 냉해에 약해진다.

가을의 햇살은 따갑고 날은 건조하다. 그러면 공기 중에 있는 수분이 적어져 빛의 산란은 감소하고, 빛이 직접 잎을 때려 엽록소와 당이 분해된다. 단풍 든 잎에 있는 카로티노이드와 안토시아닌은 파장이 짧은 자외선을 흡수해 손상을 줄인다.

8장

식물의
스트레스

식물의 대사, 성장, 발달은 이상적이지 않은 환경 조건이나 물질에 영향을 받거나 억제가 된다. 이런 환경조건과 물질을 총체적으로 스트레스라고 한다. 스트레스는 짧은 기간 동안에만 주는 경우가 있고 긴 기간 동안 주는 경우가 있다. 또한 순응acclimation, 적응adaptation, 수선repair 메커니즘에 따라 일부 보상이 되는 약한 스트레스가 있는 반면, 식물의 죽음으로까지 몰아갈 수 있는 만성적이고 강한 스트레스가 있다. 식물에 주는 스트레스 인자는 크게 두 가지로 분류된다. 하나는 성장에 영향을 주는 무생물적 인자(빛, 물, 온도 등)이고, 다른 하나는 생물적 인자(병균, 식충 등)이다. 스트레스에 대한 반응은 일반적으로 유전자 발현과 조절 네트워크의 변화가 뒤따른다.

무생물이 주는 스트레스

인간이나 다른 동물처럼 식물도 스트레스를 받는다. 스트레스를 받지 않고 살면 얼마나 좋을까 생각할 수 있지만, 스트레스가 어느 정도 있어야 삶에 긴장이 오면서 좋지 않은 일에 대비할 수 있다. 이는 마치 통증의 중요성과도 상통하는 이야기다. 한센병처럼 통증을 느끼지 못하는 병은 그 병에 대비하기도 전에 진행이 많이 되어버린다.

스트레스가 너무 많아도 문제다. 스트레스를 풀지 못하고 쌓기만 하면 결국 탈이 생긴다. 인간은 운동이나 오락 등으로 그때그때 스트레스를 푸는 지혜를 갖고 있다. 식물도 탈을 피하기 위한 스트레스 감소 메커니즘을 갖고 있다.

생명체가 구조를 유지하기 위해서는 에너지가 절대적으로 필요하다. 이는 마치 어질러져 있는 방을 치우는 데 에너지를 써서 정돈하는 것과 비슷하다. 정돈된 상태가 유지되려면 계속 에너지가 투입되어야 한다. 이 에너지 흐름을 통해 모든 생명체는 세포 내 생합성을 하고 구조를 보존하기 위한 물질을 운송하며, 복제와 성장을 위한 활발한 힘을 제공한다. 이렇게 일정한 상태를 유지하려고 하는 생물체의 특성을 항상성이라고 부른다. 그리고 이 항상성이 방해받는 환경에 처할 때의 긴장 상태를 스트레스로 정의한다. 곧 식물이 항상성을 유지할 수 있는 최적의 상태에서 항상성을 파괴하는 상태로 옮겨졌을 때 스트레스 반응이 나타난다.

식물의 스트레스는 크게 두 가지로 분류한다. 하나는 비생물적 스트레스(빛, 물, 이산화탄소, 산소, 토양 염류, 온도, 독성물질 등)로서 환경의 물리적, 화학적 인자에서 온다. 다른 하나는 생물적 스트레스(식충, 병원균 등)로서 살아 있는 생명체가 스트레스를 주는 경우이다.

식물은 스트레스에 민감하게 반응하거나 저항하거나 피한다.

잠시 사는 식물은 비가 오는 계절에 꽃을 피워 적당한 습기가 있는 동안에 일생을 마치고 건조할 때는 휴면 상태인 씨로 있다. 이런 식물은 스트레스를 경험할 기회가 없기 때문에 스트레스를 피하는 것으로 본다. 그러나 많은 식물이 스트레스에 저항한다. 저항하는 식물들은 갑작스런 환경 변화에 항상성을 새롭게 만들고 조절함으로써 순응한다. 이런 순응은 유전적인 변화가 일어나지 않으며 정상적인 환경으로 돌아오면 이전의 항상성 상태로 전환한다. 이년생식물, 밀과 같은 겨울작물은 저온에 대한 순응을 보인다. 적응은 순응과 달리 식물 집단 전체에 유전자의 변화가 일어나 세대를 걸쳐 유전되는 경우를 말한다. 따라서 이런 변화는 비가역적이다.

비생물적 환경요인의 불균형으로 생기는 영향은 일차적인 것이 있고 이차적인 것이 있다. 일차적인 것에는 수분 퍼텐셜(팽압)의 감소, 세포의 탈수 현상 등이 있는데 이들은 세포의 화학적, 물리적 특성에 직접 영향을 준다. 일차적 영향으로 생기는 이차적 영향에는 대사활동의 감소, 이온의 독성 유발, 활성산소의 생성, 세포의 구조적 파괴와 사멸 등이 있다. 성격이 다른 스트레스 인자라 하더라도 가뭄, 높은 염분, 냉해는 모두 팽압을 줄이고 세포의 탈수를 일으킨다. 많은 식물 스트레스는 세포분열, 광합성, 세포막의 건재성, 단백질의 안정성을 파괴하고 활성산소를 생성한다. 활성산소는 농도가 낮을 때에는 스트레스 신호를 전달하는 역할을 하지만 농도가 높을 때에는 식물의 생장을 억제한다.

빛 스트레스와 광보호

모든 식물은 이론적으로 계산한 최대치에 가깝게 광합성 효율을 높일 잠재력을 갖고 있다. 6장에 나온 그림 6-9처럼 두 광계가 빛을 균형 있게 흡수하면 높은 능률의 광합성을 할 수 있다. 그러나 실제의 광합성 능률은 이론치보다 훨씬 낮으며, 그 이유를 광호흡 때문이라고만 말하기에는 충분하지 않다.

동이 틀 때 빛의 세기는 약하고 광합성의 양은 그에 비례한다[그림 8-1의 곡선 1]. 낮이 되면 빛의 세기가 강해지고 식물은 종종 자기가 할 수 있는 광합성의 범위보다 더 강한 빛을 받게 된다. 이때 식물은 빛으로부터 스트레스를 받는데 이 스트레스를 줄임으로써 엽록체를 보호할 수 있다[그림 8-1의 곡선 2]. 하지만 빛이 너무나 강하면 잎은 손상을 입어 광합성에 큰 영향을 주게 된다[그림 8-1의 곡선 3].

식물이 과도한 빛을 받았다는 의미는 잎의 상태에 따라 달라질 수 있다. 물을 잘 준 해바라기는 아침에 최대의 광합성 효율을 보이다가 오후가 되면 잎에 있던 수분이 줄면서 기공을 약간 닫게 된다. 기공이 좁아지면 들어오는 이산화탄소의 양이 적어져 중간 정도 되는 빛의 세기에서도 광합성 효율이 떨어질 수 있다.

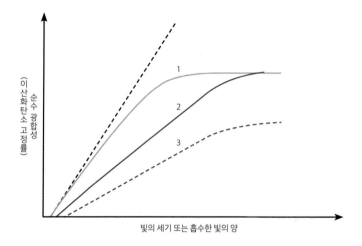

세로축 (위에서 아래로): 순수 광합성 (이산화탄소 고정률)

가로축: 빛의 세기 또는 흡수한 빛의 양

그래프 내 레이블: 1, 2, 3

그림 8-1 빛에 대한 잎의 광합성 반응 1) 높은 광합성률. 빛에 의한 억제가 없는 상태 2) 광보호가 일어난 상태. 빛에 의한 억제가 약간 있는 상태이다. 3) 빛에 손상을 당한 상태. 빛에 의한 억제가 심한 상태이다.

열, 에너지 분산   **광보호**

활성산소, 활성질소 등   **광손상**

그림 8-2 위는 빛에 의해 손상된 꽃(왼쪽), 나무(가운데), 잎(오른쪽)이고 아래는 광보호와 광손상이 역동적인 교환 관계에 있음을 나타낸 그림이다.

강한 빛을 받은 식물은 여러 가지 전략을 써서 빛에 따른 손상을 줄인다. 형태적인 변화로는 잎의 위치를 바꿔 빛을 덜 받게 하거나, 잎 속에 있는 엽록체의 위치를 바꿔 받는 빛의 양을 줄인다. 또 잎에 모상체를 형성하고 큐티클 층으로 보호하기도 한다. 생리적인 변화로는 광보호를 통해 광합성 능률을 역동적으로 희생함으로써 빛으로부터 오는 손상 곧 광손상을 막는다[그림 8-2, 아래]. 이 광손상은 강한 빛으로 생긴 활성산소의 엄청난 파괴력에 따른 것이다.

광보호의 예를 들면, 강한 빛을 받은 건강한 잎의 광계 II는 흡수한 빛에너지의 반 이상을 안전하게 내보낸다. 흡수한 빛을 골고루 분산시킨다는 의미에서 광계 II에서 흡수한 에너지는 광계 I로 전이될 수 있다. 이는 인간이 스트레스를 너무 많이 받았을 때 이용할 수 없는 잉여의 에너지를 운동으로 발산시키는 것과 유사하다. 따라서 잎에서 이런 작동이 이루어지지 않으면 산화력이 강한 활성산소와 활성질소가 많이 생겨 잎에 손상을 준다[그림 8-3, 왼쪽]. 에너지보존 제1 법칙에 따르면 에너지는 창조되거나 소멸되지 않고 전환된다. 따라서 광합성에 필

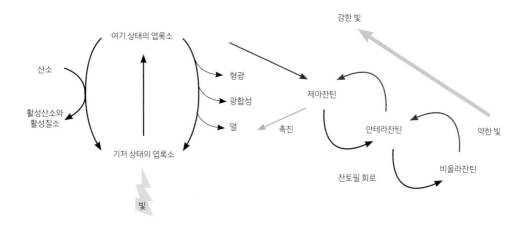

그림 8-3 빛으로 여기된 엽록소의 운명(왼쪽)과 잔토필 회로(오른쪽). 광합성과 열로 나간 에너지는 형광을 통한 에너지 방출량을 증가시킨다.

요한 에너지, 열로 나간 에너지, 형광에너지의 총합이 여기된 엽록소의 에너지가 된다. 이 말은 열로 나간 에너지를 줄이면 광합성에 필요한 에너지를 늘려 광합성 효율을 높일 수도 있다는 뜻이다. 현재 학계에서 분자생물학적인 방법으로 그런 가능성을 시도하고 있다.

열에 의한 과도한 빛에너지의 방출에는 잔토필 회로가 중요한 역할을 한다[그림 8-3, 오른쪽]. 잔토필은 카로티노이드계 물질의 일종으로서 광합성의 보조 색소로 기능하기보다는 광보호의 역할이 크다. 잔토필 회로는 비올라잔틴, 안테라잔틴, 제아잔틴으로 구성되며 3가지의 잔토필 중 제아잔틴이 열을 방출하는 데 제일 효과적이다. 빛의 세기가 강해지면 강해질수록 제아잔틴의 양이 증가한다[그림 8-3, 오른쪽].

온도 스트레스

너무 습하지도 않고 너무 건조하지도 않은 온대지방에 사는 식물이 최적의 성장과 발달을 하려면 섭씨 10도 내외의 아주 좁은 온도 범위 안에서 자라야 한다. 이 범위를 벗어나면 벗어난 정도에 따라 식물이 손상을 입게 된다. 성장을 활발히 하는 식물은 45도에서 견딜 수 있으며 심지어 55도 이상에서도 짧은 시간 동안 살 수 있다. 성장을 멈춘 식물이나 건조한 식물(씨, 꽃가루)은 아주 높은 온도에서도 살 수 있다. 어떤 종의 꽃가루는 70도에서 살 수 있고 일부 건조한 씨는 120도에서도 견딜 수 있다.

식물의 세포막에는 양성자를 운송하는 ATP 합성효소, 이온 수송체 등 여러 중요한 운송 단백질이 존재한다. 높은 온도에서는 세포막의 화학적 성질이 바뀌어 세포에서 이온이 새어 나오는 현상이 생긴다. 광합성의 명반응은 엽록체의 틸라코이드 막에 있는 단백질이, 세포호흡은 미토콘드리아 내막에 있는 단백질이 수행한다는 것을 6장에서 살펴보았다. 따라서 높은 온도는 광합성과 세포 호흡을 억제하거나 두 과정의 심각한 불균형을 가져온다. 또한 막단백질 이외의 다른 단백질도 높은 온도로 변성(구조의 변화)이 일어나 기능을 잃는다.

온도가 영하 이하로 떨어지면 얼음 결정이 세포 안팎으로 생긴다. 세포 안에서 생긴 얼음 결정은 세포막과 세포소기관의 막을 파괴한다. 세포 밖에서 생긴 얼음 결정은 세포의 탈수를 일으킨다. 세포 밖의 물 농도가 세포 안의 물 농도보다 낮아져 물이 세포 안에서 밖으로 나가기 때문이다. 따라서 수분 함량이 비교적 적은 씨나 꽃가루는 냉해를 덜 받는다. 세포 밖에서 생긴 얼음 결정이 오래 있으면 결국 세포를 파괴한다.

염분 스트레스

토양에 들어 있는 무기물의 조성과 그 양은 식물 생장에 큰 영향을 준다. 높은 농도의 나트륨 이온, 염소 이온, 중금속(비소, 카드뮴 등)과 낮은 농도의 칼슘 이온, 마그네슘 이온, 질소, 인은 스트레스 요인들이다. 염분 스트레스는 두 가지로 나눈다. 하나는 비특이적 삼투압 스트레스이고 다른 하나는 특이적 이온 스트레스다. 후자의 경우는 다른 유용한 이온들의 운송이나 활성을 방해해서 생기는 스트레스다.

토양의 염분을 높이는 원인은 자연적인 것이 있고 인위적인 것이 있다. 바닷가 또는 바닷물과 강물이 만나는 곳 근처의 토양은 염분이 높다. 내륙에 지질학적으로 생긴 해수의 웅덩이는 물이 증발되면서 토양의 염분을 높일 수 있다. 인위적인 원인으로는 인간이 식물에 급수를 바르게 하지 않은 경우이다. 사막 지역에서 급수하는 경우에는 땅속 염분이 물에 많이 녹아 있다.

염분 스트레스는 높은 나트륨 이온 농도로 생기는데, 나트륨 이온이 토양 양이온에 대한 교환 능력의 10퍼센트를 초과하면 식물에 해를 입힐 뿐만 아니라 토양의 통기성과 흡수성을 떨어뜨린다. 결과적으로 잎이 마르면서 식물의 생장을 저해한다.

염분이 아주 높은 환경에서는 세포 내 나트륨 이온 농도가 정상보다 10배 이상 올라가 세포 내 단백질의 변성과 세포막의 파괴를 일으킨다. 또한 높은 나트륨 이온 농도는 세포벽에 붙어 있는 칼슘 이온을 대체하여, 세포 안으로 들어가야 하는 칼슘 이온의 유입을 방해한다. 칼슘 이온은 세포 내 나트륨 이온에 의한 세포 독성을 제거하는데 이 기능이 마비된다.

식물의 생리학적 대처

• 식물에 물이 모자라기 시작할 때

기온이 높거나 날씨가 건조할 때는 증산에 따른 물의 손실이 많다. 이때에는 아브시스산이 공변세포에 축적되어 세포 외부로부터 칼륨 이온과 음이온의 유출을 촉진한다. 이 때문에 세포 밖으로 물이 나가 팽압이 줄고 기공을 닫게 된다.

뿌리에서는 칼륨 이온의 흡수를 늘여 물이 더 많이 들어오게 한다. 유입된 칼륨 이온은 액포에 축적된다.

높은 농도의 이온은 팽압을 증가시키지만 단백질의 성질을 바꾸는 문제가 있다. 따라서 식물은 세포의 내부 구조에 영향을 주지 않으면서 세포의 팽압을 증가시키는 물질[13]을 갖고 있다. 아미노산인 플로린, 당 알코올인 만니톨 mannitol, 암모니아 화합물의 일종인 글리신 베타인glycine betaine이 그런 역할을 한다.

---

13) 이런 물질을 화합성 삼투물질(compatible osmoticum)이라고 부른다.

• 중금속 오염에 대처할 때

식물의 싸이올 유기황화합물(이중결합이 없는 탄화수소화합물, 일반식은 R-SH로 R
는 알케인 부분)은 중금속과 반응을 잘한다. 피토켈라틴phytochelatin이라는 저분
자의 싸이올 유기황화합물thiol organic compound은 비소나 카드뮴과 착화합물을
이루어 중금속의 활성(독성)을 없앤다. 이렇게 해서 만들어진 착화합물은 액포
안에 들어가 축적된다.

• 날이 추워지거나 기온이 영하 이하로 떨어질 때

온대지방에 사는 식물은 영상이면서도 추운 날씨에 순응하는 방법을 갖고
있다. 날이 추워지면 아브시스산의 생산이 늘어나 낙엽을 촉진하여 추위에 따른
탈수를 막는다.

추위에 저항성을 가진 식물의 세포막에는 불포화지방산이 많은데, 이런 세

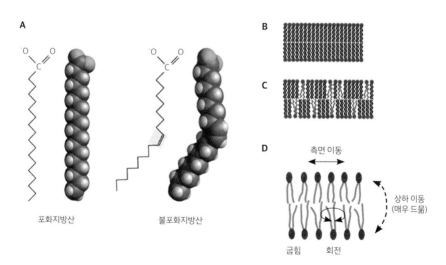

포화지방산   불포화지방산

측면 이동

상하 이동
(매우 드묾)

굽힘   회전

그림 8-4 포화지방산과 불포화지방산이 세포막에 주는 영향 (A) 포화지방산과 불포화지방산. 불포화지방산에
있는 이중결합은 움직일 수 있는 공간을 만든다. (B) 포화지방산만 있는 세포막. 젤(gel) 같은 고체 상태 (C) 포
화지방산과 불포화지방산이 섞여 있는 세포막. 액체성 결정 상태이다. (D) 세포막에서 불포화지방산의 이동
방법. 이 때문에 세포막에 유동성이 증가한다.

그림 8-5 통기조직. 수생식물(연꽃) 또는 쌀의 줄기나 뿌리에는 통기조직이 있어 산소의 유입을 돕는다. 붉은 별로 표시된 것이 통기조직이다.

그림 8-6 남아시아와 남동아시아 인구 1억이 이 쌀로 식량을 공급한다.

포막은 유동성이 높다[그림 8-4]. 식물이 추위에 순응할 때는 세포막 속에서 포화지방산을 불포화지방산으로 바꾸는 효소들이 활성화하면서 세포막의 유동성을 높인다.

기온이 영하로 떨어질 때 일부 식물은 항결빙 단백질을 만들어 얼음 결정이 형성되는 것을 막는다. 이 방법은 극지에 사는 어류와 미세조류(미세 생물군 가운데 광합성을 하는 단세포들을 통틀어 이르는 말. 대부분의 식물성 플랑크톤이 이에 해당된다)도 쓰고 있다.

• 산소가 부족할 때

홍수가 나거나 습한 지역에 있으면 호흡할 수 있는 산소가 부족해진다. 이런 때는 식물이 대사과정을 조정하여 세포호흡을 발효로 바꾼다.[14] 그런데 발효에서 나오는 에너지ATP는 세포호흡에 비해 너무 적기 때문에 결국 뿌리에서 유용한 무기영양을 흡수할 수 있는 에너지가 모자라게 된다.

일부 식물은 통기조직을 갖고 있어 산소를 침수된 기관까지 보낼 수 있다[그림 8-5]. 남아시아와 남동아시아에서는 수심이 50~100센티미터나 되는 곳에서 벼가 한 달 이상을 버틸 수 있다. 이런 환경에 순응하는 벼는 침수로 에틸렌이 발생하여 절간세포의 신장이 촉진된다[그림 8-6].

---

14) 발효는 산소 없이 하는 호흡으로서 호흡보다 훨씬 적은 양의 에너지(ATP)를 만든다. 발효에는 알코올 발효, 젖산 발효가 대표적이다.

• 여러 가지 스트레스에 공통으로 일어나는 대처

온도가 높아지면 단백질이 변성해 활성이 떨어진다. 이를 막기 위해 식물은 열충격 단백질heat shock protein, HSP 또는 분자 샤페론molecular chaperone을 만든다. HSP와 분자 샤페론은 변성된 단백질에 붙어 정상적인 단백질로 바꾼다. 단백질의 변성은 열 스트레스뿐만 아니라 물의 부족, 아브시스산, 상처, 저온, 높은 염도로도 생긴다.

각종 스트레스(가뭄, 오존, 염, 강한 빛, 추위, 동결, 무산소, 열, 자외선)로 생기는 것이 활성산소종reactive oxygen species, ROS이다. 활성산소종은 단백질, DNA, 지질을 산화시켜 상당한 해를 입힌다. 따라서 활성산소종에서 오는 스트레스를 산화적 스트레스라고 부른다. 식물은 이 활성산소종을 없애는 메커니즘을 갖고 있다. 아스코르브산 산화효소ascorbic acid oxidase, ASX와 카탈라아제catalase, CAT, 페록시다아제peroxidase, 과산화물 제거효소superoxide dismutase, SOD와 같은 항산화효소와 글루타티온glutathione, 비타민 E와 C, 카로티노이드계 물질과 같은 분자들이 활성산소종을 청소한다.

생물이 주는 스트레스

식물은 다른 생명체와 공생하면서 이익을 주고받는다. 하지만 초식동물, 식충(곤충의 약 50퍼센트를 차지), 병원성 미생물(곰팡이, 난균류, 박테리아, 바이러스), 기생충, 기생식물, 경쟁하는 식물[15]은 식물에 해를 끼치므로 이에 대비해야 한다.

---

15) 경쟁하는 식물을 못살게 해서 영역과 양분을 얻는 현상을 타감작용이라 한다.

1차 방어선

생명체로부터의 스트레스에 맞서는 최전선은 식물의 변형된 구조에서 볼 수 있다. 가시(thorn, 변형된 가지), 바늘(spine, 변형된 잎), 침(prickle, 변형된 표피), 모상체(trichome, 변형된 표피)[그림 8-7], 규소 결정phytolith, 침상 결정raphide[그림 8-8] 등과 같은 구조가 그 에다. 쐐기풀의 모상체는 불쾌한 분비물질을 낼 수 있는 선모glandular trichome 형태로 있는데 모상체벽의 꼭대기에는 규산염(유리)으로 강화

그림 8-7 식물 방어의 최전선 I (A) 감귤류의 가시 (B) 아카시아의 가시 (C) 선인장의 바늘 (D) 칠레고추의 모상체 (E) 장미의 침

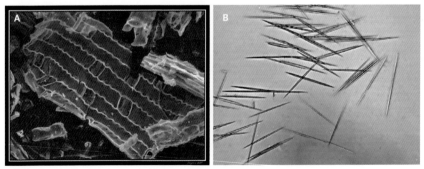

그림 8-8 식물 방어의 최전선 II (A) 코끼리풀의 피토리스(규소 결정) 전자현미경 사진. 세포벽에 존재하며 규소로 구성되어 있다. (B) 용설란 잎의 칼슘옥살산 침상 결정

된 방망이 같은 구조가 있어서 자극으로 방망이 같은 구조가 터졌을 때 자극을
준 동물에 염증을 일으키는 물질이 나온다.

2차 방어선

식물은 성장과 발달에 직접 관여하는 1차 대사물질(당, 아미노산, 지방산, 지질,
핵산, 식물호르몬 등)뿐만 아니라 2차 대사물질을 생산한다. 2차 대사물질에는 테
르페노이드terpenoid, 페놀성 물질phenolic compound, 알칼로이드alkaloid가 존재
한다. 독미나리, 디기탈리스 같은 식물은 독성이 있는 2차 대사물질을 생산한다.

서양 소나무는 테르페노이드 물질을 수지관에 보관하다가 곤충이 공격하면
수지를 분비하여 해를 주거나 곤충의 입을 막아버린다. 고무장갑의 재료로 흔히
쓰는 라텍스latex는 고무식물에서 볼 수 있는데, 식물에 상처가 나면 방출해 곤충
을 쫓거나 상처가 난 부위를 보호한다. 라텍스를 분비하는 식물 중 하나인 양귀
비는 마약 효과가 있는 모르핀과 코데인 같은 화학물질을 갖고 있다. 박주가리
와 협죽도도 라텍스를 분비하는데 그 속에 신경계를 자극하는 독성물질이 있다.

어떤 식물은 자기가 생산한 독성물질로부터 스스로를 보호하기 위해 전구체
를 만들고 액포 안에 저장하였다가 물리적인 충격으로 액포가 터지면 독성물질
을 활성화시킨다. 겨자, 무, 새싹 양배추, 벼과 식물, 사탕수수, 카사바, 수수 등이
이에 속한다.

초식동물과 병원체에 대한 방어: 유도된 방어반응

식물은 병원체 또는 식충에서 나오는 패턴 분자를 인식하는데(4장 참고), 이
시스템의 특징은 방어반응이 유도된다는 것이다. 지금까지 살펴본 식물의 반응
은 항상 작동하는 반응으로서 동물의 선천면역과 대응한다. 그러나 많은 식물에

서 반응은 병원체, 식충, 초식동물로부터 유도된다.

식물이 유도성 방어체계를 가져야 하는 첫째 이유는 항상 작동하는 방어는 에너지가 많이 들어가야 해서 성장과 발달에 필요한 에너지가 낭비되기 때문이다. 이 같은 손실은 결국 수확량의 감소로 이어진다. 동물도 항체가 항원에 대해서 항상 만들어지지 않는 것과 같다. 동물이 어떤 특정한 항원을 경험하면(곧 일차 면역반응을 거치면), 그 항원을 기억하고 있다가 나중에 동일한 항원이 침투했을 때 이차 면역반응이 일어나 대대적으로 막게 된다.

둘째 이유는 진화와 관련한 것이다. 식물의 방어체계가 항상 작동하면 병원체, 식충 또는 초식동물은 자기들에게 해가 되는 방어작용을 중화하는 쪽으로 진화할 기회를 더 많이 갖게 된다. 이런 점에서 식물은 병원체, 식충 또는 초식동물과 공진화共進化한다. 만약 병원체, 식충 또는 초식동물이 2차 대사물에 저항성을 갖게 되거나, 식물이 알아차리지 못하도록 식물의 패턴 수용체가 인식할 수 없는 물질을 만들어낸다면 식물은 다시 새로운 방어체계를 진화시켜야 한다. 따라서 병원체, 식충 또는 초식동물이 있을 때만 방어가 유도되어야 한다. 식충을 없애기 위해서 높은 농도의 살충제를 쓰거나 병원성 미생물을 퇴치하기 위해 많은 양의 항생제를 사용하는 것도 같은 맥락에서 좋지 않은 일이다.

셋째 이유는 방어체계 자체가 식물한테도 해를 주어 성장을 방해하고 씨를 적게 만들기 때문이다. 방어가 유도되면 공격 당한 자리에 많은 수의 발병 원인-관련 유전자pathogenesis-related gene의 발현이 증가한다.[16] 이미 존재하는 효소들은 활성을 갖게 되고, 세포벽은 더 딱딱해진다. 또한 세포벽으로 페놀성 분자들을 분비하고 공격 당한 자리에서 식물체 전체에 보내는 신호를 만든다. 어떤

---

16) 발병 원인-관련 유전자로부터 만들어지는 단백질을 PR 단백질이라고 부른다.

경우는 공격 당한 자리 근처의 세포들을 유도된 활성산소를 이용해 사멸시켜 상처가 커지는 것을 막는다[그림 8-9]. 이런 반응을 과민반응-hypersensitive response, HR이라고 부른다.

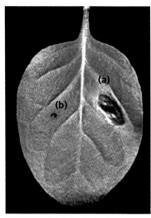

그림 8-9 과민반응 실험. 담배 잎에 주사기로 병원체 (a)와 소의 혈청 알부민 (BSA) (b)를 처리했다. (a)에서 과민반응이 일어나 사멸한 세포들이 보인다.

식물이 방어를 하기 위해서는 공격하는 대상(병원체)을 인식해야 한다고 4장에서 언급한 바 있는데, 여기에 필요한 수용체 단백질을 저항 단백질resistance protein이라 부르고 이를 만드는 유전자를 저항 유전자resistance protein, R-gene라고 부른다. 공격하는 물질에 대한 저항 유전자가 없으면 방어도 유도되지 않는다. 따라서 저항 단백질은 공격의 초기 발견에 매우 중요하다. 병원체가 주는 패턴이나 수용체 어느 한쪽이라도 돌연변이가 생기면 방어반응이 유도되지 않게 된다. 병원체가 저항 유도체elicitor를 만드는 데 관여하는 유전자를 무독성(또는 비병원성) 유전자avirulence gene, avr gene라고 부른다. 이렇게 해서 유전자 대 유전자 가설gene for gene hypothesis이 만들어졌다[표 8-1]. 식물의 방어에는 식물호르몬 자스몬산과 살리실산이 관여한다(5장 식물호르몬 부분 참고).

표 8-1 | 유전자 대 유전자 가설

	무독성 유전자를 갖는 병원체	무독성 유전자를 갖지 않는 병원체 (돌연변이 포함)
저항성 유전자를 갖는 식물	저항성을 보임	병을 보임
저항성 유전자를 갖지 않는 식물 (돌연변이 포함)	병을 보임	병을 보임

9장

식물의
적응

지구는 쉴 새 없이 바뀐다. 대륙이 이동하고 지형이 바뀌고 지역마다 기후와 풍토도 바뀐다. 이런 변화에도 불구하고 식물과 동물은 살아남는 데 성공하고 번식을 하며 자신의 계통을 이어 나간다. 이들의 생존은 적응을 통한 자연선택에 의해 가능한 것이다.

그러면 적응이라는 의미는 무엇인가? 식물 집단 전체에서 환경이 바뀜에 따라 유전적인 변화가 생겨 여러 세대에 거쳐 대물림되었을 때 '적응했다'고 한다. 자연선택은 식물의 생존을 위협하는 환경에 대처할 수 있는 전략을 제공한다. 추운 겨울, 가뭄, 포식자의 공격, 영양이나 생장할 공간을 두고 벌이는 식물 간의 경쟁에 의해 식물은 스스로 구조를 바꾸거나 특정한 화학물질을 합성한다.

이 장에서는 고착생활을 하는 식물이, 변화하는 환경에 어떻게 적응하는지 알아본다.

방어를 위한 적응

극한 환경으로부터의 보호

식물은 생존을 위협하거나 성장을 제한하는 환경을 만나면 휴면에 들어간다. 그리고 휴면하는 동안 생리적 활동을 최소한의 단계로 줄인다. 이때 식물은 얼기 쉽고 가뭄에 민감한 잎을 떼어낸다. 이런 이유로 휴면 중인 이년생 식물과 다년생 온대식물은 겨울의 낮은 기온과 강한 바람, 흐린 날씨, 눈으로 덮인 상황에 잘 대처한다. 사막에 사는 다년생 식물도 이와 같은 휴면을 한다.

일반적으로 휴면 중인 식물에는 잘 보호된 분열조직이 있다. 관다발 형성층과 코르크 형성층은 코르크 조직에 둘러싸여 있는데, 이는 좋은 단열재로 쓰이는 동시에 조직 안에 있는 수베린을 통해 불필요한 증발을 막는다. 정단에 위치하는 분열조직과 측생분열조직은 아린에 의해 보호된다. 아린은 변형된 잎으로서 장기간의 추위와 가뭄을 이기게 해준다.

일년생 식물이 최악의 기후 조건에서도 살아남는 방법 가운데 하나는 휴면 중인 씨를 만드는 것이다. 이는 식물 일부를 정지 상태로 변환하는 일종의 도피 전략이다.

일년생 식물이 겪는 가장 큰 어려움은 비교적 짧은 기간 동안 영양생장과 생식생장을 모두 마쳐야 한다는 점이다. 특히 2~4달 동안 두 가지의 생장을 끝내야 하는 사막에서 사는 일년생 식물이 그렇다. 이런 식물은 필연적으로 영양생장 기간이 짧아 크기가 아주 작고, 짧게 산다. 네 개에서 다섯 개의 잎이 있으며, 하나의 원뿌리가 있다.

식물의 크기를 작게 만드는 또 다른 환경은 극지방의 툰드라 지역과 고산지대이다. 툰드라 지역은 지하에 일 년 내내 녹지 않는 영구 동토가 있고, 강수량이 적다. 짧은 여름에 지표의 눈이 녹아서 이끼 등의 지의류나 초본류, 관목 등이 자란다. 이런 지역에 사는 식물은 크기가 작아서 겨울의 눈 무게를 감당하며, 눈이 녹은 뒤 강한 바람을 견딜 수 있다. 식물의 키가 작아서 얻는 이점은 햇볕에 의해 생기는 지열을 더 잘 받을 수 있고, 꽃가루를 옮겨주는 곤충들한테도 좋다는 것이다.

툰드라 지역과 고산지대에 사는 식물은 광합성 산물을 뿌리에 저장하여 다음 봄에 다시 성장을 시작할 때 사용한다. 이 가운데 많은 다년생 식물은 언제나 초록색을 띤다. 이 식물들의 잎에는 설탕이 많아서 잎이 어는 것을 방지할 수 있다.

뜨겁고 건조한 사막에 사는 다년생 식물은 물의 상실을 줄이기 위해 잎을 제거한다. 항상 초록색을 띠는 잎은 크기가 작은 경향이 있다. 또 다른 잎의 변형으로는 두껍고, 수분을 함유한 큐티클층이 있다든지 잎 표면에 털이 있다.

이런 지식을 토대로 생각해 보면 선인장이나 다육식물을 기를 때에는 햇빛을 풍부하게 쪼이고 물을 드물게 주며 추운 환경에는 두면 안 된다. 고산지대에 사는 식물은 겨울이 춥고 비가 많으며 긴 여름이 있는 온대 기후가 알맞다.

동물로부터의 보호

초식동물은 식물을 먹는 일차 소비자이므로 식물이 피해를 볼 수밖에 없다. 물론 과일을 먹는 동물은 씨를 퍼뜨릴 수 있다. 하지만 동물에 의한 포식은 식물의 성장을 저해하고 생식을 방해한다. 따라서 식물은 이런 동물들에 대해 효과적인 방어책을 갖고 있다.

동물로부터 보호하기 위한 구조[그림 9-1]는 8장에서 약간 다루었으며, 이를 위한 구조들을 표 9-1에 정리했다. 예를 들어 쐐기풀의 털에는 개미산이 있어서 찔리면 상당한 통증을 느끼게 된다.

그림 9-1 동물로부터 보호하기 위한 구조 (A) 피라칸타의 가시 (B) 엽신 가장자리의 바늘 (C) 활나물속 식물의 탁엽 (D) 쐐기풀의 털

표 9-1 | 포식하는 동물로부터 식물이 스스로를 보호하는 구조

종류	변형	해당 식물
가시thorn	측아에서 나온 소지	피라칸타속, 산사나무속, 블랙손blackthorn, 부겐빌레아속
바늘spine	잎	선인장, 감탕나무속
탁엽stipule	잎(절에서 발생)	선버들, 왕버들
가시prickle	표피(마디사이에 불규칙하게 생김)	장미
털hair	표피	쐐기풀속

위장을 통한 보호

씨는 작고, 소화가 잘되며, 저장 영양이 많아서 동물들의 좋은 먹거리가 된다. 아주 작은 씨는 흙 입자들과 섞여 잘 보이지 않지만, 좀 큰 씨는 두껍고 단단한 씨껍질에 싸여 보호되거나 흙 색깔을 띔으로써 동물들 눈에 띄지 않을 수 있다. '살아 있는 돌'이라는 별명을 가진 리돕스속Lithops 식물은 돌이 많은 사막에 사는데, 모양이 꼭 돌처럼 생겼다[그림 9-2].

그림 9-2 리돕스

개미에 의한 보호

어떤 식물은 개미들에게 서식처를 제공함으로써 자기를 보호하게 한다. 개미들은 식물의 속이 빈 줄기, 컵처럼 생긴 잎, 크고 속이 빈 가시 안에서 산다. 멕

시칸 아카시아는 특수한 분비샘에서 액체를 분비하여 개미를 먹이고, 개미는 다른 침입자들을 막는다. 이는 서로 다른 두 종의 공생의 한 예이다.

상처의 치유

식물의 표면에 있는 표피와 코르크는 식물의 내부와 외부를 구분 짓는 경계이고, 외부 환경으로부터 보호하는 역할을 한다. 큐틴은 표피세포에서 생성되며 표피세포를 덮는데, 잎과 초본식물의 줄기에서 수분 손실을 방지하고 진균류의 포자나 균사가 침입하는 것을 막는다. 수베린은 코르크세포의 세포벽에 있어 물의 손실을 막고, 탄닌은 천연 진균제이자 살충제 역할을 한다. 표피나 코르크에 손상이 생기면 엄청난 수분 손실과 병원균의 침입을 불러오기 때문에 신속하게 상처를 치유하는 것이 중요하다.

초본식물 조직에 상처가 생기면 손상된 부위가 주변 세포들에 의해 채워진 뒤 왁스와 유사한 성분이 침적하여 치유된다. 어린 나뭇가지(소지)에서는 코르크층이 상처 부위를 메꾼다.

나무나 이차 성장을 마친 가지에 상처가 생기면 캘러스로 상처 부위를 메꾼다. 캘러스callus란 상처 부위에 있는 세포들이 분열하여 생긴 유조직이다[그림 9-3]. 캘러스가 생긴 다음 코르크가 상처 부위를 감싼다. 이런 이유로 가지를 자를 때에는 나무통에 되도록 가까이 잘라야 상처를 잘 아물게 할 수 있다.

식물이 상처를 입으면 곰팡이의 공격을 피할 수 없다. 식물의 관다발 조직은 균사가 침입하기가 쉽다. 체관이 손상되었을 경우, 캘로스callose라는 단백질이 체관에 있는 구멍을 막고 체관의 상처를 아물게 한다. 잎

그림 9-3 캘러스

이 병원체에 감염되면 잎을 떨어뜨려 흙에서 썩게 만든다. 낙엽이 지기 전에는 탄닌 성분이 탈리대에 있는 코르크 부분에 생겨 미생물의 번식을 막는다.

흔히 식물 종에서 나오는 분비물은 상처가 난 부위와 건강한 부위 사이에 경계를 만든다. 대부분의 구과식물은 특수한 송진관에서 끈적끈적하고 향이 있는 송진을 상처가 생길 때 분비한다. 송진은 물에 녹지 않고, 공기와 접촉하면 굳는 성질이 있다.

그림 9-4 아스클레피아속 라텍스(흰색)

껌gum은 송진과 화학 성분이 다르고 물에 녹으며 점액성이 있고 상처 부위에서 딱딱하게 굳는다. 아라비아 껌Arabia gum을 만드는 식물은 아카시아와 같은 목본 현화식물이다.

뽕나무과, 포인세티아, 대극과 식물은 라텍스를 분비한다[그림 9-4]. 라텍스는 고무 같은 성질이 있어 상처를 아물게 한다. 라텍스, 송진, 일부 껌에는 항균성, 항진균성, 항초식성 성분이 들어 있다.

화학적 방어

식물이 만드는 대사 물질 중 2차 대사물을 8장에서 간단하게 소개한 적이 있다. 이 2차 대사물은 식물의 종을 구별하게 해주는 생화학적 지시물질指示物質로 기능할 수 있다.

탄닌은 단백질과 결합할 수 있는 다양한 분자로, 효소와 결합하여 그 활성을 억제하고 결국 세포를 죽게 만든다. 흔히 잎이나 덜 익은 과일, 나무껍질, 심재心材, 뿌리에 있는데, 세포의 대사를 방해하지 않도록 특수한 구조 속에 격리되어 있다가 세포가 파괴되면 나온다.

목부(木部, 물관)나 코르크세포같이 죽은 세포는 세포벽에 탄닌이 있다. 덜 익은 과일에 있는 탄닌은 과일이 익을 때 분해되어 당을 만든다. 차, 포도주, 코코아 안에 있는 탄닌이 떫은맛을 내는 것은 탄닌이 단백질과 결합하여 침의 윤활작용을 방해하기 때문이다.

알칼로이드는 질소를 함유하는 염기성 2차 대사물로 쓴맛을 내는데, 이는 포식자로부터 보호하는 역할을 하는 것으로 생각된다. 알칼로이드는 수선화과, 협죽도과, 매자나무과, 콩과, 양귀비과, 미나리아재비과, 가지과에 있다. 커피나 차에 있는 카페인, 담배에 있는 니코틴, 양귀비에 있는 모르핀, 페요테 선인장에 있는 메스칼린, 일부 버섯에 있는 실로시빈이 알칼로이드에 속한다.

어떤 알칼로이드는 독으로 작용한다. 괭이밥에 있는 옥살산, 감자, 토마토, 가지에 있는 솔라닌, 독당근에 있는 코닌(소크라테스가 이를 증류한 물을 마시고 죽었다), 피마자에 있는 리신이 그 예이다.

병원균이 침입했을 때 그 부위에서 피토알렉신phytoalexin을 만들어 병원균의 침입을 막기도 한다. 다른 방어책으로 라피드raphide가 있는데 이는 집에서 키우는 디펜바키아의 세포 중 특수한 세포에 들어 있다[그림 9-5]. 라피드는 옥살산칼슘의 결정체로서 생선 가시나 바늘 모양이어서 이 식물을 먹으면 입과 목에 심한 통증이 유발된다.

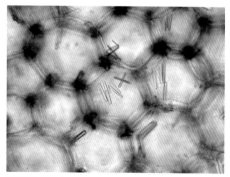

그림 9-5 라피드

식물의 병과 병원체에 대한 저항성

식물도 인간이나 동물과 같이 병과 병원체에 대한 저항성이 있다. 식물은 동물처럼 항체, 면역세포, 순환계가 없으므로 면역계가 있다고 말하지 않지만, 방어한다는 의미에서 본다면 식물도 고유의 면역계가 있고 분자 수준에서의 작동 메커니즘이 동물과 비슷한 점이 있다.

식물에 의한 저항성은 네 가지 수준에서 다룰 수 있다.

• 식물의 형태학적, 구조적 방어

식물은 큐티클, 나무껍질, 왁스층이 있어 병원체의 접근을 막을 수 있다. 이는 동물에서 볼 수 있는 선천적 면역의 피부, 점막, 점액의 일차 방어선과 유사한 형태이다. 이런 물리적인 장벽이 깨지면 병원체가 쉽게 침투할 수 있다.

• 기존의 단백질과 화학물질에 의한 방어

식물은 성장과 발달을 하는 동안 디펜신defensin과 디펜신-유사 단백질을 만들어 항균 작용을 한다. 화학적 방어에서 피토알렉신이 여기에 속한다. 이 단계도 선천성 면역으로 간주할 수 있다.

• 유도방어induced response

식물이 항상 병원체의 침입에 대비하려면 그만큼 에너지와 자원을 소비해야 하므로 힘들다. 따라서 병원체가 출현할 때 단백질 합성이 유도되는 시스템이 필요하다.

병원체의 침입에 대항해 병원체에서 나온 (외재적) 유도자elicitor 또는 숙주에서 나온 (내재적) 유도자가 숙주 세포막에 있는 수용체와 결합하여 일어나는 국부적인 반응이 있을 수 있다. 이런 유도자와 수용체의 결합은 숙주와 비숙주 식물에 대해 일반적인 (비특이적인) 반응 또는 종-특이적인 반응을 일으킬 수 있다. 종-

특이적인 반응과 종-비특이적인 반응 모두 과민반응 hypersensitive response, HR을 일으킨다[그림 8-9, 그림 9-6].

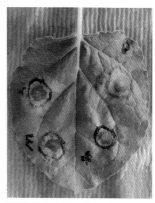

그림 9-6 과민반응. 병원균에 의해 생긴 괴사 때문에 병변이 퍼지지 않는다.

일반적인 반응을 일으키는 유도자 중 진균류에서 나오는 것은 베타글루칸, 키틴이 있는데 모두 진균류의 세포벽에 존재하는 당의 한 종류이다. 이런 유도자들은 식물에서 방어반응을 일으키고 피토알렉신의 생산을 유도한다. 진균류와 세균에서 나오는 펙틴분해효소도 유도자로 작용하여 식물 세포벽을 분해해서 생긴 내재적 유도자를 만들어낸다. 이 내재적 유도자는 단백질 억제제와 방어 유전자를 활성화한다.

세균의 편모에 존재하는 플라젤린이라는 단백질도 유도자로 작용한다. 종-특이적인 유도자로는 세포벽을 분해하는 효소, 식물 세포벽에 존재하는 수용체와 결합하는 비병원성 유전자 단백질, 펩티드 독소가 있다. 이들은 과민반응을 일으키고, 펩티드 독소는 세포예정사를 불러온다.

일반적인 반응을 통해서 방어 유전자들이 발현되는데, 세포벽을 두껍게 만드는 효소, 2차 대사물을 만드는 효소, 발병과 관련된 단백질PR protein이 만들어진다. 발병 관련 단백질로는 진균류 세포벽을 깨는 효소, 단백질 분해효소의 억제자, 지질 수송 단백질, 리보솜 억제인자, 항균 단백질 등이 있다. 지금까지 설명한 것은 그림 9-7에 정리했다.

종-특이적인 반응을 일으키기 위해서는 병원체에서 만들어진 비병원성 유전자 단백질AVR과 숙주에서 만들어진 저항 단백질R이 결합해야 한다. 숙주의 저항 단백질은 수용체로 작용한다. 이 결합으로 과민반응이 일어나고 활성산소, 페놀 수지, 일산화질소가 많이 만들어져 발병 부위에 괴사를 일으킨다. 비병원성 유

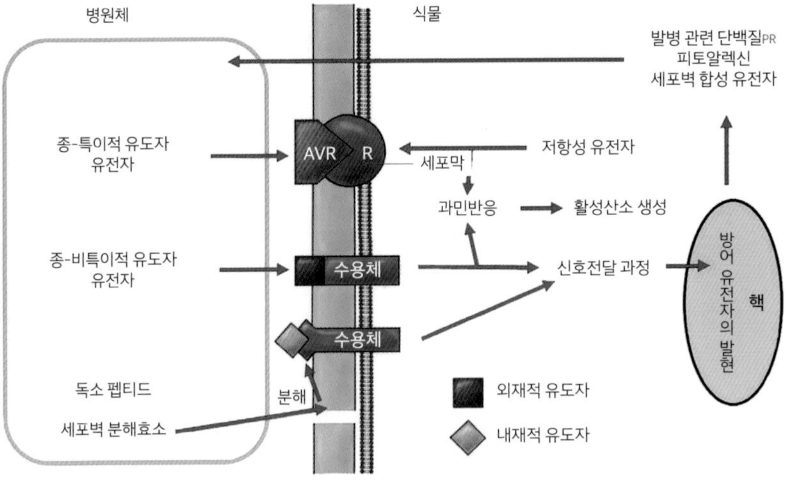
병원체
식물
발병 관련 단백질PR
피토알렉신
세포벽 합성 유전자
종-특이적 유도자
유전자
AVR
R
저항성 유전자
세포막
과민반응
활성산소 생성
종-비특이적 유도자
유전자
수용체
신호전달 과정
방어 유전자의 발현
핵
수용체
독소 펩티드
분해
세포벽 분해효소
외재적 유도자
내재적 유도자

그림 9-7 식물의 방어체계

전자와 저항 유전자와의 상호작용은 8장에서 언급했는데, 1942년 해럴드 플로가 유전자 대 유전자 가설gene-for-gene hypothesis로 발표했다[표 8-1 참고].

비병원성 유전자와 저항 유전자와의 상호작용을 통해 식물과 병원체 간의 군비경쟁을 설명할 수 있다. 비병원성 유전자에 돌연변이가 일어나면 저항 단백질과 결합을 못 하기 때문에 발병할 것이고[표 8-1], 이를 인지한 숙주의 몸체는 저항 단백질 유전자의 단백질이 돌연변이가 일어난 비병원성 단백질에 결합할 수

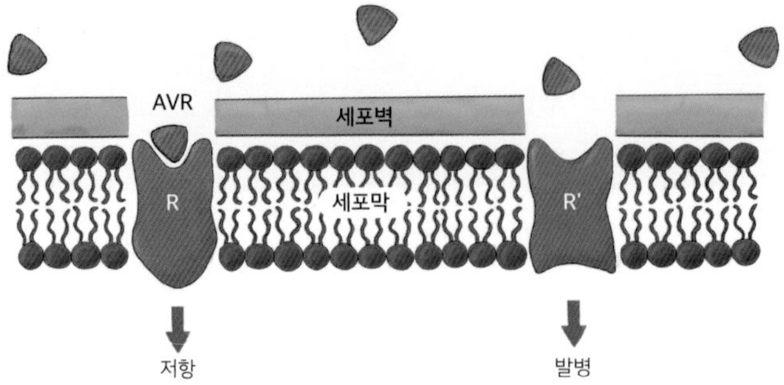
AVR
세포벽
R
세포막
R'
저항
발병

그림 9-8 발병하는 돌연변이의 예. 숙주의 수용체 R 유전자의 돌연변이로 인해 구조가 바뀌어 R'이 되면 AVR를 인식하지 못해 발병한다.

있도록 저항 단백질에 돌연변이가 일어난다. 이런 사실은 숙주와 병원체를 통한 진화에 기여한다. 이를 '공진화共進化'라 부른다.

• **전신 획득 저항성**systemic acquired resistance, SAR

국부적 방어의 유도는 전신 획득 저항성이라는, 온몸에 관계되는 반응을 일으킨다. 이러한 반응은 세포 간 신호전달이 유도되는 것으로서 인간에서 바이러스에 감염된 세포가 인터페론을 합성하여 주위에 있는 세포로 하여금 병원체의 침입을 막도록 만들어주는 것과 매우 유사하다.

병원체의 침입을 받은 세포는 체관부로 살리실산을 방출하여 식물 전체에 퍼지게 하고, 신호를 받은 세포는 저항성이 생긴다. 살리실산 외에 에틸렌이나 자스몬산도 신호 역할을 한다. 특히 메틸 자스몬산은 휘발성이 있어서 식물체 간의 소통을 가능하게 한다[그림 9-9].

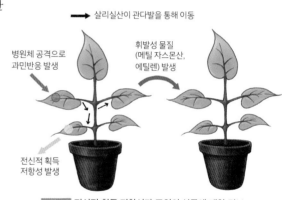

살리실산이 관다발을 통해 이동

병원체 공격으로
과민반응 발생

휘발성 물질
(메틸 자스몬산,
에틸렌) 발생

전신적 획득
저항성 발생

그림 9-9 전신적 획득 저항성과 주위의 식물에 대한 경보

생존에 필요한 적응

자연에 있는 자원의 양은 한정되어 있으므로 빽빽하게 들어선 식물끼리의 경쟁은 필연적이다. 이 문제를 해결할 수 있는 가장 직접적인 방법은 타감작용

이다. 예를 들어 비가 비교적 적게 내리는 곳에서 식물이 발아를 억제하는 물질을 분비하여 동종 또는 이종의 식물이 자라지 못하게 만드는 것 등이다.

여러 종의 식물이 자라는 곳에서는 지배적으로 우세한 식물이 지역을 넓게 차지하고, 풍부한 토양수와 무기영양을 흡수하며, 많은 빛을 받는다. 그러나 이런 식물들은 피해를 줄 수 있는 강풍에 맞서야 하는 약점이 있다.

반면에 상대적으로 덜 지배적인 식물 종은 지배적인 종에 의해 보호를 받는다. 하지만 이들도 경쟁에서 오는 스트레스를 극복하기 위해 줄기, 잎, 뿌리의 모양이나 형태를 바꾼다.

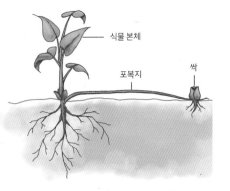

식물 본체

포복지

싹

그림 9-10 포복지

태양을 향한 경쟁

양지식물의 씨는 음지에서 발아하지 않는다. 그리고 양지식물은 직접 쬐는 빛과 잎을 통한 빛을 구별할 줄 알아서 그늘 밑에 있으면 줄기 신장 속도가 증가한다. 이것이 앞서 설명한 음지회피현상(7장 참조)이며, 여기에는 피토크롬이 작용한다.

줄기가 옆으로 퍼지는 것

줄기가 지표면 위에 기댄다든지 땅속에서 자라게 되면 몸을 지탱하려고 필요 이상으로 에너지와 양분을 쓸 필요가 없어진다. 이때에는 그 에너지와 양분을 영양성장에 투입하여 더 많은 잎이 빛을 받을 수 있도록 자란다.

그림 9-11 뿌리줄기(대나무)

그림 9-12 막뿌리(옥수수)

땅 위에서 수평으로 자라는 줄기를 포복지(기는줄기)stolon 또는 runner라 하고
[그림 9-10], 땅속에서 수평으로 자라는 줄기를 뿌리줄기rhizome라 부른다[그림 9-11].
포복지를 만드는 대표적인 식물이 딸기다.

줄기나 잎에 생긴 뿌리를 부정근 또는 막뿌리adventitious root라 부른다[그림
9-12]. 수평으로 있는 뿌리에서 줄기가 수직으로 난 것을 흡지(막줄기)sucker 또는
adventitious shoot라 부르는데 라즈베리, 블랙베리, 국화 등에서 이 형태를 볼 수
있다[그림 9-13].

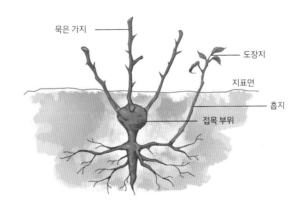

그림 9-13 흡지(접목 장미)

기어오르는 구조

포도나무는 지지할 수 있는 구조물을 감싸면서 자라며, 이런 식물을 덩굴식물twinner이라 부른다[그림 9-14]. 잎이나 측아에서 나온 줄기가 변형된 덩굴손tendril은 다른 식물의 줄기, 정원의 지지대 등을 나선형으로 타고 올라간다[그림 9-15].

그림 9-14 포도덩굴

그림 9-15 덩굴손

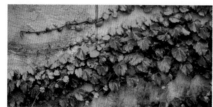

그림 9-16 포복경(왼쪽)과 부착성의 판(오른쪽)

어떤 식물은 작은 가지 끝에 부착성이 있는 판으로 포복하는 줄기가 있는데 이런 줄기를 포복경creeper이라 부른다. 포복경이 있는 대표적인 식물이 담쟁이덩굴이다[그림 9-16]. 아이비의 부정근은 나무껍질 또는 나무로 된 담에 있는 틈새 사이를 파고든다. 아이비 또한 타고 올라가는 뿌리가 있다.

덩굴나무와 착생식물

열대우림에서 잘 볼 수 있는 것이 목본이면서 키 큰 나무를 장식하는 덩굴나무다[그림 9-17]. 이런 식물은 숲의 깊은 그늘에서 발아하여 아주 빨리 성장하는데 빛이 있는 곳까지 자란다. 덩굴나무의 가지는 다른 키 큰 나무의 꼭대기에서 가지에 매달리고 잎을 퍼뜨린다. 이런 덩굴을 붙잡고 빠르게 이동하는 영화 속 주인공 '타잔'을 생각하면 쉽게 이해할 것이다.

그림 9-17 열대우림의 덩굴나무

열대나 온대 지방의 습기 많은 숲에는 나뭇가지에 매달려 사는 착생식물이 있다. 착생식물은 높은 곳에 있어서 빛을 잘 받을 수 있다. 착생식물의 뿌리는 흡수하는 기능보다는 지지하는, 가지를 붙잡는 기능을 한다.

지지하는 뿌리

열대우림같이 숲이 우거지고 땅이 부드러우며 물기가 많은 곳에서는 나무 밑부분에 지지 구조를 더하여 빛을 더 많이 받는 나무들이 있다. 편평근은 본래 나무보다 3~5미터 더 높이 올라가게 하고, 올라간 높이만큼 퍼진다[그림 9-18]. 무화과나무속 식물에 이런 편평근이 있다. 열대식물 중에 판다누스, 맹그로브, 반

그림 9-18 편평근

그림 9-19 지주뿌리(반얀)

얀은 지주뿌리를 만드는데[그림 9-19], 줄기를 지지하기 위해 만드는 지주뿌리는 옥수수에서도 볼 수 있다.

물을 끌어 올리는 특수한 방법

열대우림에 있는 식물들은 물이 잘 흘러내리도록 잎의 끝을 뾰족하게 만들어 잎을 빨리 마르게 해서 곰팡이, 지의류, 이끼 따위의 성장을 막는다. 집에서 키우는 식물 중 필로덴드론에 이런 잎이 있다[그림 9-20].

틸란드시아속 식물, 파인애플과 식물은 큰 나뭇가지에 착생해서 사는데, 일부 종은 컵 모양의 잎 로제트 중심부에 빗물을 받아 잎에 있는 특수한 세포에서 물을 흡수한다[그림 9-21]. 수염틸란드시아 같은 파인애플과 식물은 잎에 털이 있어 빗물을 받는다. 일부 열대 착생난초는 공중에 뿌리를 내어 공기 중에 있는 수증기를 흡수한다.

그림 9-20 필로덴드론. 잎의 끝이 뾰족하다.

그림 9-21 컵 모양의 잎 로제트

물을 저장하기 위한 구조

사막에 사는 식물들은 대부분 가뭄 상태에서 살아남기 위해 잎이나 줄기에 물을 저장한다. 아이스플랜트, 돌나물속 식물, 대구돌나물속 식물, 석연화속 식

그림 9-22 물을 저장하기 위한 구조. 부채선인장의 엽상경(왼쪽)과 줄기가 술통 모양인 선인장(오른쪽)

물에 있는 다육 잎과 줄기에는 커다란 수분저장 세포가 있다.

　　줄기가 다육질인 선인장은 여러 해를 견딜 수 있는 물을 저장한다. 부채선인
장속 식물은 편평하고, 잎 모양의 엽상경cladode이 있어 물을 저장할 뿐 아니라
빛도 받는다[그림 9-22]. 수분저장과 빛을 모으는 기능을 하는 줄기 중 술통 모양의
선인장이 있다. 한편, 선인장 줄기의 단면을 보면 수분을 저장할 수 있는 비광합성
조직을 확인할 수 있다[그림 9-23]. 가뭄이 들면, 수분이 저장된 조직의 당이 녹말로
전환되면서 용질의 농도가 낮아져 물은 주위의 광합성 조직으로 이동한다.

　　　　　　　　　　　　　　　　　　　　　　— 물을 저장하는 장소

　　　　　　　　　　　　　　　　　　　　　　— 광합성을 하는 장소

그림 9-23 선인장의 단면

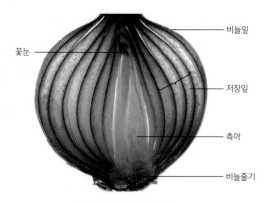

비늘잎

꽃눈

저장잎

측아

비늘줄기

그림 9-24 양파의 비늘줄기

땅속 수분과 양분 저장기관

양파, 고구마, 생강 같은 식물은 오랫동안 양분을 저장할 수 있는 기관이 있다. 이는 가뭄과 추위를 견디기 위한 땅속의 휴면 기관이다. 이렇게 양분을 저장하는 기관이 있는 식물들은 수분과 영양이 충분하면 환경이 허락할 때 성체로 자란다. 세포 속 높은 농도의 양분은 어는 것을 막는 역할을 한다.

양파는 비늘줄기(인경, bulb)가 있는 식물이다[그림 9-24]. 비늘줄기는 아주 촘촘한 줄기로서 작고 판 모양의 줄기에 살이 많은 비늘잎들이 겹친 구조이다. 곧 비늘줄기는 아래쪽 끝의 작은 줄기 하나를 여러 개의 다육성多肉性 잎이 싸고 있는 큰 눈이다. 가장 겉에 있는 비늘잎은 얇고 색이 짙은데, 외부로부터 병원체의 침입을 막는다. 중앙에 있는 정아는 미성숙한 잎을 달고 있다. 이 어린잎이 광합성을 할 수 있을 때까지는 비늘줄기에 저장된 양분이 성장을 돕는다.

비늘줄기 잎들 사이에서 자라는 측아는 새로운 비늘줄기가 된다. 마늘의 소인경clove은 이런 방식으로 생긴다. 나팔수선화와 같은 다년생 비늘줄기 식물의 꽃은 측아에서 나며, 정아는 여러 해에 걸쳐 잎을 만든다. 일년생의 튤립 비늘줄기는 정아가 자라 꽃을 피울 수 있는 줄기가 되기 때문에 꽃은 새로운 비늘줄기에 생긴다.

부정근은 비늘줄기의 납작한 줄기에서 생긴다. 어떤 종은 뿌리 끝이 땅에 단단히 박혀 뿌리의 윗부분이 짧고 두꺼워지면서 수축근을 형성하는데, 비늘줄기를 땅속으로 끌어들여 보호한다.

마른 잎　딸 둥근줄기
분생구경
줄기
부모 둥근줄기
(지난해)
수축 뿌리

그림 9-25 글라디올러스의 둥근줄기(왼쪽)와 그 단면(오른쪽)

둥근줄기(구경, corm)는 비늘줄기와 겉모습이 비슷하지만 구조가 다르다. 둥근줄기는 거의 전부가 줄기 조직으로 되어 있다[그림 9-25]. 크로커스와 글라디올러스가 구경이 있다. 구경은 짧고 부풀어 오른 땅속줄기subterranean stem로서 지난해의 잎으로 둘러싸여 있다. 뿌리와 수축근은 줄기 밑에 형성된다.

생강, 대나무, 칼라 백합, 아이리스는 살이 많은 뿌리줄기가 있는데[그림 9-26], 마디에서 생긴 부정근에 붙어 있다.

그림 9-26 생강의 뿌리줄기

그림 9-27 덩이줄기. 아이리스(왼쪽)와 감자(오른쪽)

그림 9-28 덩이뿌리. 고구마(왼쪽)와 홍당무(오른쪽)

　뿌리줄기의 끝이 부풀어 오른 구조가 덩이줄기(괴경, stem tuber)인데 아이리스와 감자가 덩이줄기가 있다[그림 9-27]. 뿌리가 부풀어 오른 구조는 덩이뿌리(괴근, root tuber)로서 달리아, 고구마, 홍당무 등에서 볼 수 있다[그림 9-28].

부생식물과 기생식물

　부생식물腐生植物은 생물의 사체나 배설물 등의 유기물을 분해하고 무기영양을 흙에 내놓게 함으로써 이를 양분으로 이용하는 식물로 땅을 비옥하게 만들고

그림 9-29 겨우살이 　　　　　　　　그림 9-30 스트리가속 식물

물질의 순환을 돕는다. 초종용, 개종용, 수정란풀, 구상난풀, 무엽란 등이 부생식물이다. 기생식물寄生植物은 현화식물 중에서 뿌리 모양의 균사를 방출하여 숙주 식물에 기생하는 식물이다.

　그중 반기생식물 또는 수분 기생식물은 물과 무기영양을 확보하기 위해 숙주에 기생한다. 반기생식물은 엽록체가 있어 성장에 필요한 물질을 만든다. 다른 나무에 기생해 둥지같이 둥글게 자라는 겨우살이 식물은 끈적한 장과berry가 있어 이것이 새에 의해서 다른 숙주의 나무껍질에 옮겨붙어 발아한다[그림 9-29]. 발아한 균사는 숙주에 깊이 파고들기 때문에 제거하기가 힘들다.

　스트리가속 식물도 반기생식물인데 옥수수, 풀의 뿌리에 기생하여 숙주가 죽을 때까지 물과 무기영양을 취한다[그림 9-30]. 초종용속(열당과) 식물은 토마토, 가지, 해바라기의 뿌리에 기생하는 진정 기생식물이다[그림 9-31]. 새삼속 식

그림 9-31 열당과 초종용속 식물

물은 알팔파, 클로버, 비트, 야채류에 기생한다[그림 9-32].

부생식물과 기생식물은 엽록체가 없어 광합성을 통해 스스로 양분을 만들지 못한다.

균근과 뿌리혹

균근은 옥수수, 완두, 사과, 귤, 포플러, 참나무, 진달래, 자작나무, 소나무 등의 어린뿌리와 공생하는 이로운 곰팡이다. 균근은 뿌리조직에 침투하여 뿌리털이 할 수 있는 것보다 더 많은 영양을 흡수하여 식물에 제공한다. 식물은 균근을 통해 질소와 인을 공유하고, 균근에 광합성 산물을 제공한다. 광합성을 할 수 없는 기생식물 수정란풀과 사코디스는 균근의 도움으로 주위에 있는 식물의 양분을 취한다[그림 9-33].

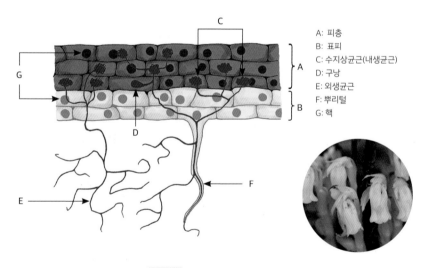

A: 피층
B: 표피
C: 수지상균근(내생균근)
D: 구낭
E: 외생균근
F: 뿌리털
G: 핵

그림 9-33 균근 및 균근에 의지하는 기생식물(수정란풀아과)

콩과식물은 질소고정을 할 수 있는 리조비움이라는 미생물과 공생한다. 이 미생물은 식물 뿌리에 침투하여 뿌리혹이라는 구조를 만든다. 리조비움은 질소를 고정하여 암모늄 이온NH₄⁺을 만들고 이를 식물에 준다. 식물은 리조비움에 탄수화물을 제공한다. 이런 이

그림 9-34 리조비움균에 의한 뿌리혹(자운영)

유로 완두, 콩, 대두, 클로버, 알팔파 식물은 질소성분이 풍부한 물질을 갖게 된다[그림 9-34].

식충식물

늪지대는 질소성분이 매우 적어서 식물이 살기에 적합하지 않다. 그러나 식충식물은 작은 동물을 포식함으로써 질소 결핍을 해결한다. 식충식물은 잎을 이용하여 작은 곤충과 작은 새, 작은 양서류를 잡아 잎에서 분비되는 소화효소로 먹이를 녹인다.

벌레잡이제비꽃속, 끈끈이귀개속 식물은 잎 표면에 끈적한 물질을 분비하는 분비샘이 있다[그림 9-35]. 이런 식물은 곤충이 잎 표면의 감각모를 자극하면 잎이 접힌다. 파리지옥도 식충식물

그림 9-35 식충식물. 벌레잡이제비꽃속 식물(위)과 끈끈이귀개속 식물(아래)

그림 9-36 파리지옥

이다[그림 9-36]. 잎 양면에 각각 3개의 감각모(감각털)가 있는데 털을 약하게 자극하면 활동전위가 일어나지 않는다. 첫 번째 자극이 있은 지 30초 이내에 두 번째 자극이 있어야 잎이 오므려지는 것이다. 이는 파리지옥이 기억을 이용하여 곤충을 잡는다는 것을 의미하며, 이러한 성질 덕분에 파리지옥은 단순히 바람이 자극하는 것과 파리가 몸부림을 치면서 감각모를 자극하는 것을 구별할 수 있다.

파리지옥은 식물계에서 가장 빠른 반응을 보이는 식물이다. 곤충이 파리지옥에 앉으면 0.1초 만에 잡기 때문이다. 파리지옥은 잎에 있는 감각모로 파리가 잎에 앉았을 때 정확하게 압력을 감지한다. 그러면 감각모 밑부분에 있는 칼륨이온통로가 먹이가 가하는 압력에 의해 열리면서 활동전위가 일어나고, 이것이

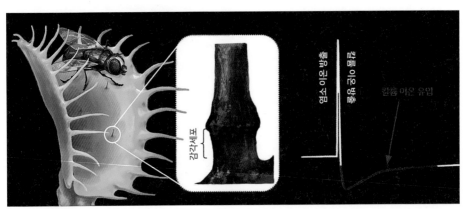
그림 9-37 파리지옥의 감각세포에서 일어나는 활동전위의 예

세포의 물 흡수와 방출을 조정하여 신속하게 잎을 닫는다[그림 9-37]. 이는 잎이 테니스공을 반으로 잘라 뒤집어 놓은 것처럼 볼록한 상태로 있다가 파리가 앉으면 빠르게 오목한 상태로 변하는 것 같은 장력에 의해 파리를 잡는 것이다.

식물에는 동물에 있는 신경계가 없지만 기본적으로 작동 원리가 유사한 시스템이 있다고 생각한다. 왜냐하면 미모사와 파리지옥에 디에틸에테르, 제논, 리도카인 같은 마취제를 처리하면 반응이 둔화된다. 디에틸에테르를 투여한 파리지옥은 먹이를 잡는 능력을 약 15분간 잃었다. 이런 현상은 끈끈이주걱에서도 볼 수 있다. 이 사실은 마취제가 식물에서의 활동전위를 저해하는 것으로 해석된다.

10장

식물의
노화

노화의 종류

생명체가 태어나면 성장을 하고 번식을 한 뒤 죽는 것이 자연의 순리다. 잎은 노화하기 시작하면 노랑이나 주황, 빨강으로 색이 변하여 단풍이 들고, 짧아진 낮의 길이와 낮아진 온도에 반응하여 낙엽이 되어 떨어진다[그림 10-1]. 노화는 환경요소와 유전적 요소의 상호작용에 의해 조절되는 자기분해 과정으로 여기에는 에너지가 필요하다.

식물의 노화에는 세 가지 종류가 있다.

첫째는 세포예정사로서 유전적으로 조절된 개별 세포의 죽음을 말한다. 세포예정사에 따라 원형질과 세포벽이 스스로 분해된다. 세포예정사는 정상적인 식물 발달에 필수적이다. 동물에서 세포예정사의 대표적인 예로 태아의 손가락 형성 과정이 있다. 오리발처럼 생긴 손의 손가락 사이에 있는 세포가 죽음으로써 정상적인 손이 생기는 것이다.

식물에서는 잎의 노화를 비롯해 통기조직의 형성, 뿌리골무의 마멸, 물관 요소의 형성, 대포자[17]의 형성에서 세포예정사를 볼 수 있다. 그러나 세포예정사는 생물학적 스트레스와 비생물학적 스트레스에 의해서도 유도된다.

그림 10-1 단풍

---

17) 암배우체가 만들어지는 큰 포자이다.

둘째는 잎 전체, 가지, 꽃, 과일과 같이 기관 수준에서의 노화이다. 이를 기관 노화organ senescence라 부르며, 기관의 탈리까지 포함한다.

셋째는 전 식물 노화whole plant senescence로서 식물 전체가 죽는 것을 말한다. 이 노화는 식물의 유전적 프로그램, 영양과 물의 이용 가능성 등으로부터 영향을 받기에 복잡하다.

세포예정사 programmed cell death

세포예정사는 세포자살이라고도 부르는데, 과정 중에 세포핵이 응축되고 DNA가 핵산분해효소에 의해 잘리며 카스파아제[18]와 비슷한 단백질 분해효소가 작용하여 조절된 사멸로 이어진다. 원형질막은 불규칙하게 팽창하거나 주머니가 형성된다.

과민반응에 의한 세포자살은 정상적인 발달로 일어나는 세포자살과 다르다. 후자는 액포 안에 단백질 분해효소, 핵산분해효소, 가수분해효소가 있어 작동한다. 이러한 세포자살을 액포형 세포예정사라 하고 물관 요소와 섬유가 발달할 때, 형태형성 중에 잎의 모양이 결정될 때, 잎이 노화할 때와 대포자낭이 발달할 때 일어난다.

잎의 노화 leaf senescence

잎의 노화는 당糖 공급원 역할을 하는 잎이 잎 안의 영양분을 분해하여 그 양분이 영양 수용부 또는 생식 수용부로 이동하는 특수한 세포예정사이다. 쉽게 비유하자면 늙어 죽은 조직에 있는 영양을 아직 성장해야 하는, 또는 생식을 마

---

18) 카스파아제는 시스테인 단백질 분해효소(프로테아제)로서 세포예정사, 괴사, 염증 반응에서 중요한 역할을 하는 효소이다.

처야 하는 조직에 주는 것이다.

이 과정은 유전적으로 예정된 것이며 엽록체 파괴부터 시작한다. 이런 현상은 인간 사회에서 죽기 전에 자식들에게 재산을 분배하여 자식들이 잘살 수 있게 도와주는 것에 비유할 수 있다.

잎의 노화는 잎의 발달연령에 의해 결정되고, 연령은 식물호르몬과 다른 조절 요인의 영향을 받는다. 발달성 노화는 잎의 가장자리에서부터 시작하여 잎의 기부 쪽으로 퍼진다. 반면에 환경 스트레스에 의한 노화는 국부적이다.

발달성 노화는 세 단계로 나뉜다. 시작 단계에서 광합성이 감소하며, 질소를 흡수하는 역할에서 공급하는 역할로 바뀌게 하는 신호를 받는다. 그다음 단계에서 세포 구성분과 거대분자들이 분해되고, 결국 세포가 죽음으로써 잎이 떨어진다.

잎의 노화는 식물호르몬의 조절을 받는다. 노화를 촉진하는 호르몬은 에틸렌, 아브시스산, 자스몬산, 브라시노스테로이드, 살리실산이 있고, 노화를 억제하는 호르몬은 시토키닌과 지베렐린이다. 스트레스에 의한 노화는 자스몬산과 에틸렌이 관여하고, 발달상의 노화는 살리실산이 관여한다.

잎의 탈리|leaf abscission

잎의 탈리는 에틸렌과 옥신의 상호작용으로 조절된다는 것을 7장에서 다룬 바 있다.

옥신은 탈리대에서 가파른 농도 기울기(구배)를 형성하여 탈리대를 에틸렌에 무감각하게 유지하게 한다. 잎자루에 형성된 옥신의 기울기가 감소하거나 역전되면 에틸렌에 대한 민감성이 높아진다. 에틸렌에 민감해진 세포들에서 세포벽을 분해하는 효소들을 합성함으로써 탈리대에서 절단이 일어난다.

전 식물 노화 whole plant senescence

식물이 특정 임계점에 도달하면 조직들의 노화 속도는 빨라진다. 이는 마치 사람이 늙으면 늙을수록 몸이 하루가 다르게 나빠지는 것과 유사하다.

속씨식물의 수명은 종마다 다르다. 일년생 식물은 일 년 안에 성장하고 번식하여 늙어 죽는다. 이년생 식물은 첫 번째 해에 영양생장과 양분 저장을 하며, 두 번째 해에 생식하고 늙어 죽는다. 일년생 식물과 이년생 식물은 한 번만 생식하고 죽는 일회 결실성 식물이다. 다년생 식물은 삼 년 이상 살고 초본과 목본 모두 존재한다. 다년생 식물은 죽기 전에 여러 번 결실을 맺는다.

일년생 식물이 가진 장점은 유전적 다양성을 증가시킬 수 있다는 것이다. 새로운 유전적 조합이 해마다 생긴다. 다년생 식물이 가진 장점은 매해 봄에 생장점, 뿌리에서 새로 성장을 시작할 수 있고 저장된 양분을 이동할 수 있다는 것이다. 그러나 다년생 식물은 빨리 변하는 환경에서는 불리하다. 일년생 식물과 이년생 식물에서는 영양기관에서 생식 수용부로 영양분, 호르몬이 재분배되어 전 식물 노화를 유발한다.

식물은 식물에 죽음을 재촉한다든지, 살아가기 힘든 상황이 되면 생식주기를 빨리 마쳐 씨를 남기려는 경향이 있다.

깊이를 더한

부록

I

식물의 신호전달

세포는 세포의 안이나 밖의 환경이 변하면 반응한다. 곧 모든 세포는 세포 내외의 환경을 인지하면 축적된 정보들을 모아서 전달하고 거기에 맞춰서 반응한다. 다세포생물의 세포는 발달 과정 중에 성장, 분열, 분화를 제어하는 무수한 세포 내외의 신호들을 감지하고 처리한다. 이런 반응의 핵심에는 화학적 신호를 만드는 조절 단백질이 존재한다. 세포 신호전달에 관한 연구는 전통적으로 호르몬이나 성장인자와 같은 세포 밖의 신호를 이용해서 세포들이 어떻게 소통을 하는가에 관한 메커니즘에 초점을 맞춘다.

다세포생물의 세포 간 소통은 세포 밖 신호물질에 의해서 이루어진다. 어떤 세포 밖 신호물질은 멀리 떨어져 있는 세포에 신호를 주는가 하면, 어떤 세포 밖 신호물질은 바로 옆에 있는 세포에 신호를 전달한다. 신호의 감지는 수용체 단백질에 의해 이루어지는데, 이 수용체 단백질은 세포막에 존재하는 것이 있고 세포질 속에 존재하는 것이 있다.

소통을 위한 신호는 식물체나 세포 차원에서 모두 공통의 작동 원리에 따라 전달된다. 환경에 관한 정보 또는 특정 기관의 물질대사 상황은 식물체에 인지되어야 한다. 이 인지된 신호는 전달이 되어야 하고, 식물체는 이에 반응을 해야 한다[그림 I-1]. 예를 들어 식물이 휴면 상태로 들어가기 위해서는 가을날 짧은 낮의 길이가 잎에 인지되어야 한다. 잎은 화학물질을 신호로 방출해 슈트 끝으로

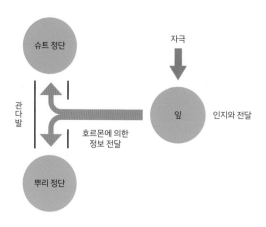

그림 I-1 식물체 수준에서 신호전달의 예

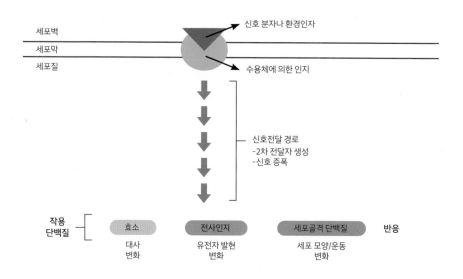

그림 I-2 일반적인 신호전달 과정

보내고 눈비늘(아린)을 만들게 한다.

세포 수준에서 세포가 외부의 신호(예를 들어 호르몬 신호)를 받으려면 호르몬과 결합할 수 있는 수용체가 필요하다. 수용체는 호르몬과 같은 특정한 신호 분자와 아주 특이하게 결합하는 단백질이다. 일단 세포 밖 신호물질과 수용체가 결합하면 세포 안 신호전달 체계를 활성화하여 신호전달 경로의 마지막 부분에 있는 효과 단백질effector protein에 신호를 전달한다. 효과 단백질은 세포의 성격과 상태에 따라 전사인자, 이온 채널ion channel, 대사과정 중의 구성물질 또는 세포골격의 성분일 수 있다[그림 I-2].

여기서 중요한 것은 호르몬은 아주 극소량으로 작용하는 것이기 때문에 세포가 호르몬에 반응하기 위해서는 신호가 증폭되어야 한다는 점이다. 이런 증폭 과정은 단백질의 인산화, 탈인산화 반응에서 볼 수 있다. 식물세포에는 아주 다양한 신호전달 체계가 있지만, 이 체계에는 신호가 세포 내에서 증폭된다는 공통점이 있다. 예를 들어 활성화된 인산화효소는 여러 표적 단백질을 인산화시킬 수 있고, 그 표적 단백질 각각은 또 다른 표적 단백질에 영향을 줄 수 있다. 칼슘 이온은 세포 내에서 약방의 감초처럼 여러 신호전달 체계와 생화학 반응에 관여하는데, 신호에 따라 세포막에 있는 칼슘 채널 단백질이 열리면 수많은 생화학 반응이 순식간에 활성화되거나 억제된다. 빛은 여러 전사인자의 유전자 발현을 조절하는 전사인자(이를 마스터 전사인자라고 한다)를 활성화시켜 하부에 있는 전사인자들에 연쇄적으로 영향을 줄 수 있다. 이 신호전달은 탈인산화 반응에 따라 중단되거나 수용체의 수를 줄이거나 수용체의 민감도를 줄임으로써 약화시킬 수 있다.

식물에서는 동물과 마찬가지로 세포끼리 항상 연락을 한다. 빛이나 온도 조건에 따라 활성을 조절할 수 있도록 서로 소통하는 것이다. 이런 소통은 식물의 성장주기, 꽃이 피는 작용, 열매를 맺는 과정을 조절한다. 식물세포는 또한 뿌리, 줄기, 잎에서의 활동이 서로 조화롭게 이루어지도록 연락을 한다.

식물이 반응하는 물리적 자극에는 중력, 온도, 토양에 있는 양분과 물의 분포, 바람, 뿌리와 흙 사이의 압력, 세포 내부의 압력 등이 있다. 대부분의 식물이 받는 자극은 방향과 강도가 있다. 예를 들어 중력은 오로지 땅에서 나오는 인력이고 햇빛은 위, 옆에서 올 수 있지만 절대로 자연 상태에서 땅으로부터 나오지 않으며, 식물에서 그늘이 지는 부분은 온도가 상대적으로 낮다. 습기는 땅속 깊이의 정도 또는 지상에서의 높이에 따라 다르다. 이렇게 서로 다른 조건들은 분마다, 날마다, 계절마다 변한다. 따라서 식물이 변화가 많은 조건에 반응하고 적응하는 것은 생존의 관점에서 매우 유리하다.

식물은 또한 이산화탄소, 산소, 오존의 농도, 빛의 세기, 방향, 파장을 감지한다. 특히 식물은 빛과 온도로 하루 또는 일 년 중의 때를 안다. 식물은 생물학적인 환경도 감지한다. 예를 들어 병원체, 초식동물, 주위에 있는 식물, 공생하는 세균이나 진균류의 존재를 느낀다. 식물은 내부적으로 자기의 발달 단계, 건강 상태, 물과 양분의 양, 광합성 산물의 양을 항상 확인하는 장치를 갖고 있다. 또 발달 부분의 세포 간 소통으로 세포, 조직, 기관의 패턴을 형성한다. 위치상 떨어져 있는 조직끼리는 먼 거리를 이동할 수 있는 신호를 통해 발달을 조율한다.

식물과 동물은 모두 진핵세포(핵막으로 싸인 핵을 가진 세포)로 구성되어 있지만, 약 10억 년 전에 분리해서 진화해왔다. 둘의 공통 조상은 엽록체가 없고 미토콘드리아가 있는 단세포 진핵생물이었다고 생각된다. 식물과 동물이 갈라질 때 식물세포는 엽록체를 얻은 것이다. 다세포 식물과 동물은 약 6억 년 전에 독립적으로 진화했다.

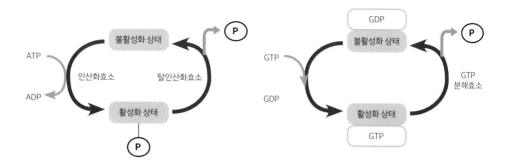

그림 I-3 신호전달에서 켬/끔(활성화/불활성화)의 작동 원리의 예. P는 무기인산을 뜻한다.

만약 식물과 동물이 처음부터 독립적으로 진화해왔다면, 세포끼리 또는 세포 안에서 신호전달에 관여하는 분자와 작동 원리도 독립적으로 진화했을 것이다. 그러나 식물과 동물은 공통 조상에서 진화해왔으므로 어느 정도의 유사성을 갖고 있고, 신호전달을 위한 일반적인 전략이 유사할 때가 많다.

신호전달 경로는 신호전달에 관여하는 분자들의 상호작용으로 작동한다. 이 과정에는 공유결합을 통한 변형이나 단백질의 형태 변화가 뒤따른다. 예를 들어 신호를 받은 수용체는 인산화효소kinase를 활성화시켜 다른 단백질의 아미노산(세린, 트레오닌, 히스티딘 또는 아스팔트산)에 인산기PO_4^{2-}를 공유결합으로 붙인다[그림 그림 I-3]. 인산화된 단백질은 모양이 변하여 다음 신호전달 단계를 촉진하는 활성자나 억제하는 억제자로 작용한다. 또한 구아노신 삼인산GTP과 구아노신 이인산GDP에 의해 단백질의 모양과 활성이 변한다.

신호전달 경로에 있어서 많은 분자들은 전사인자의 합성, 활성, 안정성을 조절하여 결국 특정한 유전자가 나타나게 한다. 어떤 신호전달 경로는 세포질 또는 세포막에 있는 구성성분을 자극하여 아주 빠른 반응을 보이게 한다. 꽃가루관의 성장이라든지 기공의 개폐가 그 예이다.

식물세포에 존재하는 신호전달 물질 간의 상호작용은 세균과 곰팡이, 동물에도 어느 정도 존재하는데 그 예를 수용체 단백질에서 볼 수 있다. 세포막에 존재하는 수용체 단백질은 신호 분자와 결합하는 단백질 구역ligand binding domain, 수용체를 세포막에 있게 하는 막통과 구역transmembrane domain, 세포 내 신호를 전달하는 작용기 구역effector domain으로 구성된다.

신호 분자와 결합하는 단백질 구역은 생물 종마다 다양하지만, 작용기 구역은 보존되어 있을 수 있다. 예를 들어 삼투압 조절에 관여하는 막단백질SLN1에 돌연변이가 일어난 효모에, 식물호르몬 시토키닌과 결합하는 수용체 유전자 CRE1를 넣어서 발현시키면 효모가 삼투압 조절 능력을 회복하는 것을 볼 수 있다. SLN1과 CRE1은 모두 아미노산 히스티딘을 인산화시키는 효소라는 점에서 공통점이 있는 것이다.

상이한 신호에 영향을 받는 신호전달 경로는 상이한 상호작용을 보일 수 있다. 이런 경우, 상이한 신호전달 경로가 공통의 신호전달 단계나 최종 표적을 가질 수가 있다. 예를 들어 기공의 개폐에 관여하는 양성자 운송 단백질proton pump은 빛에 의해 활성이 증가하지만 식물호르몬 아브시스산에 의해 억제된다.

신호전달의 속도는 신호전달 반응을 수행하는 분자의 종류와 존재하는 시간에 따라 다르다. 세포막에 있는 이온 채널은 세포 안팎의 전위차 변화를 일으키는데 이 변화가 일어나는 시간은 0.001초다. 세포 내에서의 인산화반응은 수 초가 걸리고, 유전자의 발현은 유전자의 RNA로의 전사와 단백질로의 번역이 뒤따르기 때문에 수 분에서 수 시간이 걸린다.

식물의 세포 표면에 있는 수용체 중에서 가장 많은 것이 세린/트레오닌을 인산화시키는 기능을 갖춘 수용체receptor serine/threonine protein kinase이다. 동물에서는 세린/트레오닌을 인산화시키는 기능을 갖춘 수용체보다는 타이로신을 인산화시키는 인산화효소receptor tyrosine kinase가 대부분이다.

세린/트레오닌을 인산화시키는 기능을 갖춘 수용체는 세포질 쪽으로 세린/트레오닌을 인산화시키는 인산화효소 부위(도메인)와 세포 밖에서 식물호르몬과 결합하는 결합 부위가 있다. 수용체의 대부분은 세포 바깥쪽에 류신 아미노산이 풍부한 부위가 있기 때문에 류신-풍부 인산화 수용체leucine-rich repeat receptor kinase라고 부른다. 이런 수용체의 예가 식물호르몬 브라시노스테로이드와 결합하는 BRI1으로서 세포 내로 신호를 전달하고 유전자 발현을 일으킨다[그림 I-4].

류신-풍부 인산화 수용체 외에도 식물은 렉틴 수용체 인산화효소lectin receptor kinase를 갖고 있어서 세포 외부에서 오는 탄수화물 신호 분자와 결합한다. 렉틴은 탄수화물과 결합하는 단백질의 일종이다. 렉틴 인산화효소 수용체는 병원체를 막는 일을 한다. 흥미로운 사실은 동물에서도 렉틴경로가 보체補體를 활성화시켜 면역반응을 일으킨다는 것이다.

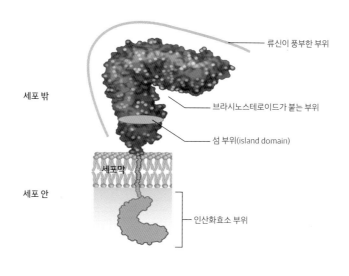

류신이 풍부한 부위

세포 밖

브라시노스테로이드가 붙는 부위

섬 부위(island domain)

세포막

세포 안

인산화효소 부위

그림 I-4 류신-풍부 인산화 수용체의 예

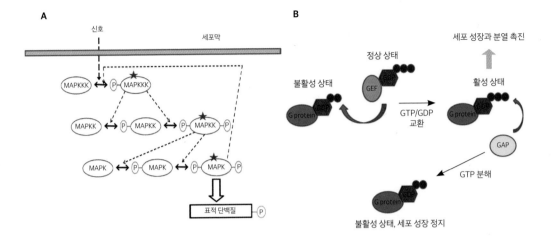

그림 I-5 (A) MAP 키나아제(MAPK)의 연속적인 인산화작용에 따른 신호전달. MAPKK는 MAP 키나아제 키나아제, MAPKKK는 MAP 키나아제 키나아제 키나아제이고, 붉은 별은 활성화된 상태를 나타낸다. (B) G단백질의 활성화 메커니즘. GAP, GTP는 분해효소 활성화 단백질이다.

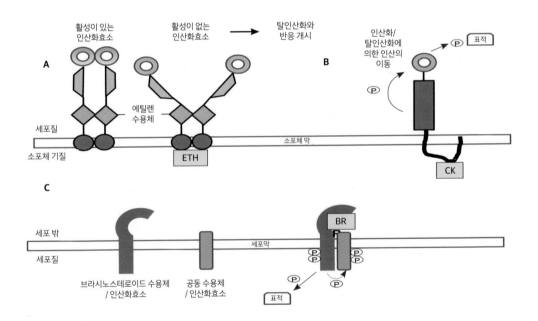

그림 I-6 막수용체에 의한 호르몬 신호의 전달. ETH는 에틸렌, CK는 시토키닌, BR는 브라시노스테로이드를 나타낸다.

호르몬의 신호전달은 일반적인 경로를 거치게 된다. 호르몬이 수용체에 결합하면 신호가 전달 경로를 통해 전해지는 동시에 증폭이 된다. 극소량으로 작용하는 호르몬으로서는 이런 증폭작용이 매우 중요하다. 전달된 신호는 핵 속에서 유전자 발현을 조절하든지 효소나 이온수송 단백질의 활성을 조절한다[그림 I-2 참고].

호르몬의 신호는 다양한 방법으로 전달된다. 신호전달 단백질이나 물질의 인산화와 탈인산화로 신호가 연속적으로 전달되거나, 특정 억제 단백질을 분해해 억제되어 있던 신호전달이 시작되거나, 2차 전달자(예: 칼슘 이온, 이노시톨 삼인산)에 의해 신호가 증폭되고 전달된다. 신호전달 단백질이나 물질의 인산화와 탈인산화의 예로는 단백질의 인산화와 탈인산화[그림 I-5A], 구아닌 이인산GDP의 인산화와 탈인산화[그림 I-5B]가 있는데, 이 작동 원리를 통해 활성 또는 불활성 상태가 된다. 다시 말하면 호르몬의 유무에 따른 스위치 역할을 하는 것이다.

인산화와 탈인산화에 관여하는 단백질이 인산화효소kinase인 경우에는 신호가 릴레이처럼 전달될 수 있다[그림 I-5A]. 이렇게 여러 인산화효소로 구성된 신호전달 반응은 수천 개의 표적 단백질을 인산화할 수 있기 때문에 증폭 효과가 있다. 이런 과정을 가지는 호르몬은 에틸렌, 시토키닌, 브라시노스테로이드이다[그림 I-6]. 아브시스산의 수용체는 아브시스산과 결합한 이후 탈인산화효소를 불활성화하여 인산화효소를 인산화하고, 결국 전사인자를 인산화하여 유전자 발현과 기타 반응을 조절한다[그림 I-7].

세포질에 있는 호르몬 수용체는 호르몬과 결합하면 억제 단백질이 분해되어 전사인자는 억제 단백질로부터 해방되고 유전자 발현을 증가시킨다. 이런 원리를 이용하는 호르몬은 옥신, 지베렐린, 자스몬산이 있다[그림 I-8]. 여기에는 유비퀴틴ubiquitin이 관여하는데 이 분자는 단백질을 분해하라는 표지로 작용하며, 이

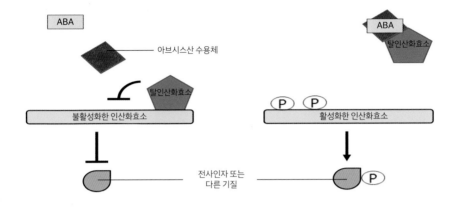

그림 I-7 아브시스산(ABA)에 의한 신호전달

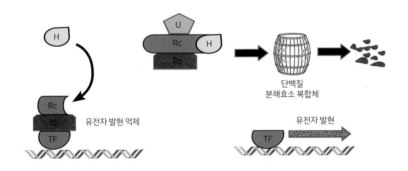

그림 I-8 세포 속에 있는 호르몬 수용체에 의한 신호전달. H는 호르몬(옥신, 지베렐린이 있다), Rc는 수용체, Rp는 억제 단백질, TF는 전사인자, U는 유비퀴틴을 나타낸다.

표지에 결합하는 효소 단백질 복합체가 존재한다.

칼슘 이온은 세포벽과 액포, 소포체 속에 고농도(밀리몰 범위, 10^{-3}M)로 존재하고, 세포질 속에서는 극히 낮은 농도(0.1마이크로몰 이하, 10^{-7}M)로 존재한다. 외부에서 호르몬 자극이 오면 세포질 속으로 칼슘 이온이 급격히 들어와 세포질 속의 칼슘 이온 농도를 높이면서 2차 전달자로서 작용하고, 제 기능을 다하면 다시 세포벽, 액포, 소포체 속으로 재빠르게 이동한다. 이런 방법도 단백질 인산화와 탈인산화처럼 분자적 스위치 역할을 하는 것이다. 칼슘 이온이 세포질 속에서 아주 적은 농도로 있어야 하는 이유는 무기인산과 만나 불용성인 인산칼슘을 형성해 생명에 위협을 줄 수 있기 때문이다.

광수용체에 의한 신호전달-피토크롬과 크립토크롬

피토크롬과 크립토크롬에 의한 신호전달은 단백질의 분해 과정이 일어난다는 점에서 일부 호르몬에 의한 신호전달과 유사하다[그림 I-9 참고].

피토크롬에 의한 신호전달

피토크롬에 의한 신호전달은 단백질에 유비퀴틴을 달아주는 복합체의 세포 내 위치가 빛에 따라 달라지기 때문에 빛에 의한 유전자 발현이 조절된다. 단백질에 유비퀴틴을 달아주는 복합체는 빛이 없을 때 핵 속에 들어가 빛으로 유전자의 발현을 유도하는 전사인자들에 유비퀴틴을 붙여 단백질 분해효소 복합체에 의해 분해가 되게 만든다. 빛을 비추면 유비퀴틴을 달아주는 복합체가 핵 밖으로 나가 빛으로 유전자의 발현을 유도하는 전사인자들에 유비퀴틴을 붙이지 못하기 때문이다. 동시에 빛에 잘 분해되는 phyA는 복합체가 핵 밖으로 나가기 전에 유비퀴틴을 단다[그림 I-10].

크립토크롬에 의한 신호전달

크립토크롬에 의한 신호전달은 피토크롬에 의한 신호전달과 비슷하나, 청색광을 비추면 크립토크롬 자체가 활성화하면서 인산화가 되어 유비퀴틴을 달아주는 복합체를 전사인자에서 분리시킨다[그림 I-11].

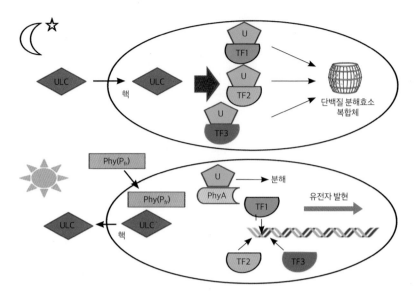

그림 I-9 피토크롬에 의한 신호전달. ULC는 유비퀴틴을 달아주는 복합체, TF1~3은 빛에 의해 활성화하는 전사인자, U는 유비퀴틴을 나타낸다. 피토크롬이 적색광을 받으면 P_{fr}형으로 전환하여 핵 속으로 들어온다. phyA는 빛에 의해 P_{fr}형으로 변한 다음 핵 속으로 들어오고 전사인자에 작용한 다음 분해된다. 그림에는 나타나 있지 않지만 P_{fr}형으로 전환된 피토크롬은 아직 밝혀지지 않은 유비퀴틴을 달아주는 복합체를 자극해 빛에 의한 유전자 발현을 억제하는 전사인자의 분해를 촉진한다.

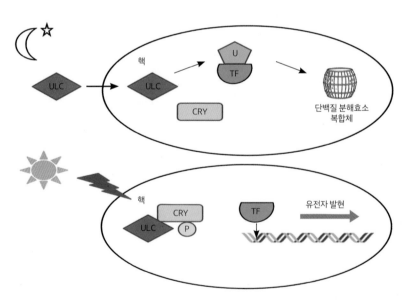

그림 I-10 크립토크롬에 의한 신호전달. CRY는 크립토크롬, ULC는 유비퀴틴을 달아주는 복합체, TF는 전사인자, U는 유비퀴틴을 나타낸다.

II
|
식물의 세포호흡

식물의 세포호흡은 크게 3단계로 나뉜다. 그리고 이 단계들은 세포 안의 다른 위치에서 일어난다.

해당작용

이 단계에서는 당이 분해되어 2분자의 피루브산을 만든다. 해당작용에 관련된 효소들은 포도당에서 에너지를 빼내 ATP를 만들고 전자를 빼내 전자전달체 NADH로 옮긴다. 이 과정은 세포질에서 일어난다. 유기물에 있는 인산기가 ADP로 옮겨져 ATP가 만들어지기 때문에 이 과정을 기질 수준 인산화라고 한다[그림 II-1].

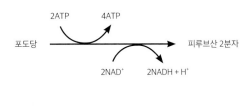

그림 II-1 해당작용과 기질 수준 인산화

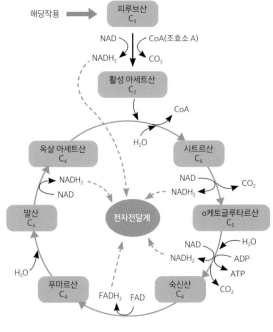

피루브산 + 3H_2O + 4NAD^+ + FAD^+ + 2ADP + 2Pi
→ 3CO_2 + 4NADH + 4H^+ + FADH_2

그림 II-2 TCA 회로

크렙스 회로(시트르산 회로, 삼카복실산 회로)

해당작용에서 만들어진 피루브산은 아세틸 CoA(아세틸 조효소 A)가 되고, 아세틸 CoA는 크렙스 회로에 들어가 천천히 분해되면서 이산화탄소를 내놓는다. 크렙스 회로는 크렙스Hans Adolf Krebs라는 생화학자가 발견하여 붙은 이름이고, 시트르산 회로는 회로 중에 시트르산이 생기기 때문에 생긴 이름이며, 크렙스 회로의 중간 대사물에 카복실기COOH 3개를 가진 산이 대사에 관여해 TCA 회로 tricarboxylic acid cycle라고도 불린다. 이 회로를 통해 약간의 ATP와 대량의 전자전달체(NADH+H⁺, FADH₂)가 만들어진다. 크렙스 회로의 미토콘드리아 기질에서 일어난다[그림Ⅱ-2].

산화적 인산화

우리는 광합성에서 광인산화라는 것을 알았다. 그리고 엽록체의 구조는 그 기능과 밀접한 관계를 가진다는 것도 이해했다. 미토콘드리아의 전자전달계는 엽록체의 틸라코이드와 매우 유사해 전자가 운반되면서 양성자에 의한 화학삼투력

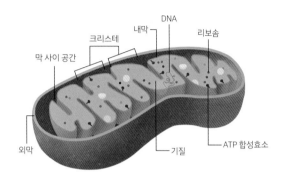

그림 Ⅱ-3 미토콘드리아의 구조

을 만든다. 이를 이해하기 위해서는 우선 미토콘드리아의 세부 구조를 살펴볼 필요가 있다[그림Ⅱ-3].

미토콘드리아는 먹이를 산화시켜 대량의 ATP를 만들기 때문에 산화적 인산화를 한다고 한다. 이 단계에서는 해당작용과 크렙스 회로에서 생성된 환원된 전자전달체들(NADH+H⁺, FADH₂)이 미토콘드리아 내막에 있는 전자전달계로 와서 전자와 수소 이온을 내놓으며 산화된다. 이때 수소 이온은 미토콘드리아 기질에서 미토콘드리아 막 사이 공간으로 이동해 엽록체의 틸라코이드에서와 같은 수소 이온 농도 기울기를 형성해 ATP를 만들 수 있는 잠재력을 축적한다[그림Ⅱ-4]. 또한 ATP 합성효소를 통해 미토콘드리아 막 사이 공간에서 미토콘드리아 기질로 들어와 ATP를 만든다[그림Ⅱ-5]. 그림 Ⅱ-5는 전자가 전자전달 복합체를 지나면서 감소하는 자유에너지를 보여주고 있다.

전자전달 복합체 각각은 상이한 산화-환원 퍼텐셜을 갖고 있는데 전자가 전

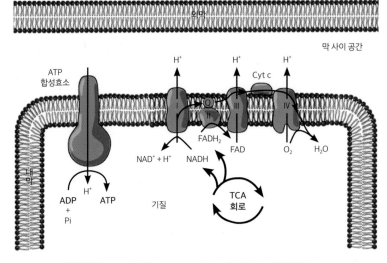

그림 II-4 산화적 인산화. I, II, III, IV는 전자전달효소 복합체들이다.

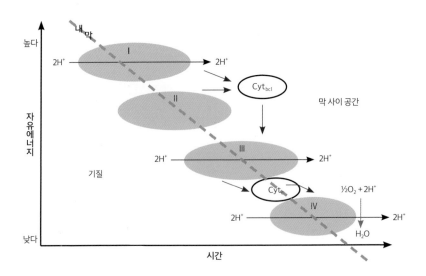

그림 II-5 전자전달계에서의 전자 흐름과 전자전달효소 복합체의 에너지 및 세포학적 위치. 자유에너지란 일에 쓸 수 있는 에너지이다. 자유에너지가 높은 전자전달효소 복합체에서 낮은 전자전달효소 복합체로 전자가 이동하면 에너지가 방출돼 막 사이 공간으로 양성자를 옮긴다. 막 사이 공간과 기질 사이에 양성자에 대한 기울기(구배)가 형성되면 이것이 ATP를 만들 수 있는 에너지가 되어 ATP 합성효소를 통해 형성된다. cyt는 시토크롬을 나타낸다.

자전달 복합체를 따라 높은 에너지 수준에서 낮은 에너지 수준으로 내려오면서 소량의 에너지를 내놓아(미토콘드리아에서는 양성자가 이동하여 기질과 막 사이 공간의 양성자 농도 기울기로 표현된다) ATP 합성을 한다. 이 일련의 과정을 산화적 인산화 oxidative phosphorylation라고 한다.

여기서 다시 광합성의 명반응에서처럼 구조와 기능의 긴밀한 관계를 볼 수 있다. 해당작용과 크렙스 회로에서 만든 $NADH+H^+$는 10분자이고 $FADH_2$는 2분자이다. $NADH+H^+$ 하나는 ATP 3분자를 만들 수 있는 에너지를 갖고 있고 $FADH_2$는 ATP 2분자를 만들 수 있는 에너지를 갖고 있으므로 기질 수준 인산화를 빼면 약 34ATP를 만든다는 계산이 나온다. 그래서 미토콘드리아가 에너지 공장이라는 별명을 갖게 되는 것이다.

광합성의 명반응에서 최종 전자 수용체는 $NADP^+$이지만, 세포호흡에서의 최종 수용체는 산소 분자이다. 그래서 우리는 산소 없이 살 수 없는 것이다. 청산가리는 전자가 산소와 만나는 과정을 억제하기 때문에 독이 된다.

Ⅲ
|
식물 유전공학

인간은 근대 이후로 과학을 통해 인간의 이익을 얻고자 자연을 정복해왔다. 식물에서는 육종을 통해 종을 개량했고 야생식물을 순화domestication시켰다. 이런 인간 활동의 근본적인 이유는 곡물의 생산량을 늘려 먹고 살기 위함이었다. 1960년대에 개발도상국들에서 밀의 품종을 개량해 지구상의 기근을 해결하려는 녹색혁명이 진행되었다. 이 개혁으로 밀의 생산량이 증가되었음에도 불구하고 품질이 개량된 곡식이 모든 곳에서 잘 자란 것은 아니었고, 병충에 대한 저항력 등의 문제로 한계에 부딪히게 되었다. 현재는 육종에 의한 품종개량보다 시간이 덜 걸리면서 확실한 유전공학적 방법을 추구하고 있다.

인간은 식물을 왜 바꿀까

농사짓는 사람들은 수천 년 동안 작물을 천천히 개량해왔다. 작물의 개량은 20세기에 들어와 멘델의 유전법칙이 재발견되면서부터 급속도로 진행되었다. 1950년대에 DNA의 구조가 밝혀지고 제한효소, 리가아제ligase[1] 같은 효소들이 발견되면서 DNA를 재조합할 수 있게 되자 이를 식물에도 적용했다. 식물 육종에 혁명을 일으키게 된 것이다.

지구상의 인구는 계속 증가해 80억에 육박하고 있다. 노먼 볼로그Norman

---

1) 리가아제는 두 개의 DNA 절편을 연결하는 효소다.

Ernest Borlaug가 일으킨 녹색혁명으로는 이제 다가올 미래를 대비할 수 없다. 고전적인 육종보다는 유전자 재조합 및 삽입 기술을 이용해 품종을 더 빨리 개량해야 한다. 오래전부터 경작해오던 작물들의 수확량을 늘려야 하며, 곡물의 영양 상태와 질을 높이고, 환경 스트레스에 잘 견디는 식물을 만들어야 한다. 지구온난화의 영향으로 2050년에 4억의 인구가 홍수 피해를 볼 것으로 예상하고 있다. 식물도 홍수가 나면 무산소 상태에서 죽고 만다. 이에 과학자들도 식물이 홍수에 어떻게 생리적으로 대비하는지 연구하고 개량할 수 있는 방법을 모색하고 있는 중이다.

현재까지 식물 분자육종학자들은 잡종 씨를 만들기 위해 웅성 불임을 유전공학에 이용하고, 에틸렌 생합성을 유전적으로 조작하여 과일의 과도한 성숙을 억제하거나 토마토의 질을 바꾸어 새로운 종류의 식품(예를 들어 스파게티 소스를 만들기 위한 토마토 페이스트 등)을 개발하고 있다. 이를 튤립이나 카네이션에 적용하면 꽃잎의 노화를 지연시킬 수 있다. 대만에서는 시토키닌 생합성 유전자를 노화를 촉진하는 조절 부위의 염기서열에 연결시키고, 브로콜리를 형질전환해 노화를 지연시킨다. 씨가 익으면 씨껍질이 터지면서 날리는 탓에 카놀라를 재배할 때는 20퍼센트의 씨를 잃게 되는데, 이 때문에 과학자들은 씨껍질이 터지지 않는 형질전환체를 만들 수 있는 방법을 찾고 있다. 그 밖에 피토크롬 유전자의 조절 메커니즘을 이용해 일 년에 한 번 꽃이 필 것을 두 번 꽃이 피게 만들 수도 있다. 또 식충의 소화를 방해하는 단백질을 만드는 유전자를 옥수수에 넣으면 병충해를 줄일 수 있다. 인간은 이렇게 필요에 따라 식물을 바꾸고 있다.

인간은 식물을 어떻게 바꿀까

과학자들은 유용한 생명체 속에 유전자를 넣어 원하는 형질을 갖는 생물을

그림 Ⅲ-1 아그로박테리아에 의해 생긴 혹

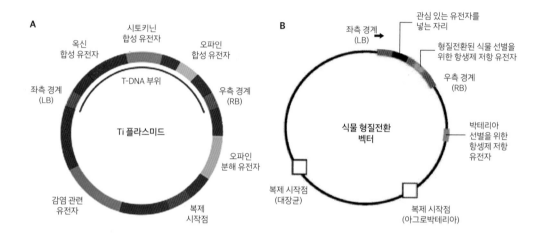

그림 Ⅲ-2 아그로박테리아에 존재하는 Ti 플라스미드(A)와 식물을 형질전환 시키기 위한 벡터(B). Ti 플라스미드에서 옥신 합성 유전자와 시토키닌 유전자는 뿌리혹을 형성시키기 위한 유전자이다. 오파인은 아그로박테리아가 자라게 하는 영양분의 일종이다. 감염 관련 유전자는 아그로박테리아의 T-DNA가 식물 안으로 들어가식물의 염색체에 삽입시키기 위한 유전자이다. 식물을 형질전환 시키기 위한 벡터를 보면 Ti 플라스미드의 뿌리혹을 형성시키기 위한 유전자와 오파인 합성 유전자가, 관심 있는 유전자와 형질전환된 식물을 선별하기 위한 항생제 저항 유전자로 대체되었다. 박테리아를 선별하기 위한 항생제 저항 유전자는 유전자를 클로닝(복제)하는 과정에서 세균의 형질전환 여부를 가리는 데 필요하다.

만드는데 이런 생물을 유전자변형생물체genetically modified organism, GMO라고한다. GMO는 키우기가 쉽고 인간에게 유용한 약이나 단백질을 만들어 좋은 점이 있는가 하면, 다른 동식물에 영향을 주고 생태계를 파괴할 수 있다는 우려를낳고 있기도 하다.

GMO는 유전공학 곧 DNA의 재조합 기술을 이용해서 만드는데, 한 종이 갖고 있는 유전자를 다른 종에 옮기는 것을 말한다. 이런 과정을 통해 한 종에서 유전자를 삽입 또는 제거하여 형질을 바꾸는 학문을 유전공학이라고 부른다.

식물은 여러 특징을 갖고 있어서 형질전환을 시키기에 좋다. 식물의 세포나 조직은 배지培地에서 쉽게 키울 수 있고, DNA를 식물세포 안으로 쉽게 넣을 수 있으며, 적절한 성장 호르몬의 조합을 이용해 성체를 만들 수도 있다. 이 마지막 특징은 동물세포가 갖고 있지 않은 전능성이라고 할 수 있다.

유전자를 식물세포 안에 넣는 방법은 여러 가지가 있는데, 주로 쓰는 방법은 아그로박테리아Agrobacteria를 이용하거나 텅스텐 조각에 유전자를 입혀 아주 강한 공기총으로 쏴서 집어넣는 것이다.

식물을 형질전환 시키기 위해서는 관심 있는 유전자를 넣을 수 있는 운반체가 필요하며 이를 벡터라고 부른다. 형질전환을 위해 아그로박테리아의 Ti 플라스미드를 이용하는데, 플라스미드란 세균의 염색체 이외에 존재하는 원형의 유전체를 말한다. Ti는 tumor inducing의 약자로서 식물세포 속에 이 Ti 플라스미드를 넣으면 혹(일종의 종양)이 생기게 된다[그림 III-1, 그림 III-2A].

Ti 플라스미드에는 혹을 만들게 하는 유전자가 있어서 과학자들은 이 유전자를 제거하고 관심 있는 유전자로 대체하여 형질전환에 이용한다[그림 III-2B]. 이 대체 과정에서 유전자 재조합 기술을 이용한다. 유전자 재조합 기술은 두 효소의 발견으로 탄생했다. 하나는 제한효소의 발견이고, 다른 하나는 DNA를 연결시키는 리가아제ligase의 발견이다. 제한효소는 DNA 선상의 특정한 염기서열을 인식하여 잘라주기 때문에 과학자는 원하는 자리를 잘라 유전자를 다루기가 쉬워졌고, 리가아제의 발견으로 유전자를 원하는 대로 짜깁기할 수 있다.

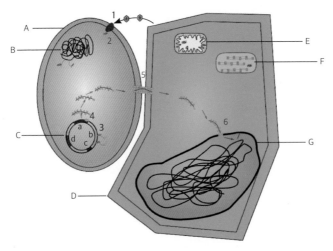

그림 III-3 T-DNA를 아그로박테리아를 이용해 식물세포 안으로 들어가게 하는 과정 1~2) 아그로박테리아가 상처 난 식물이 내놓은 신호(당, 페놀계 물질)를 인식한다. 3) 감염에 관련된 유전자들이 유도된다. 이 유전자들은 페놀계 물질의 인식, T-DNA가 Ti 플라스미드에서 나가는 과정, T-DNA의 이동, T-DNA를 식물 염색체 안으로 삽입하는 과정에 관여한다. 4) T-DNA가 Ti 플라스미드에서 나가는 과정 5) T-DNA의 식물세포 내 이동 6) 식물에 존재하는 단백질들의 도움으로 T-DNA가 식물의 핵막(핵공)을 통과한다. 7) T-DNA를 식물 염색체 안으로 삽입한다.

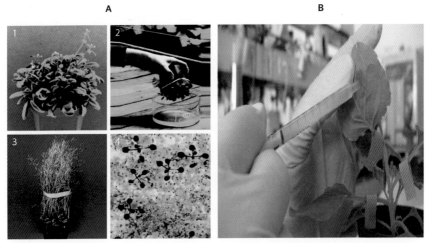

그림 III-4 식물 형질전환 방법 I. 아그로박테리아를 매개로 한 형질전환 방법이다. (A) 애기장대의 형질전환 1) 애기장대를 개화 바로 직후까지 키운다. 2) 벡터(그림 III-2B)로 형질전환된 아그로박테리아를 키운 현탁액에 꽃 부분을 넣고 얼마간 둔다. 3) 형질전환된 식물체(형질전환된 씨)를 수확한다. 4) 수확한 씨를 항생제가 들어 있는 배지 위에 파종하고 배양한다. 형질전환된 씨는 발아하여 생존하고 나머지는 죽는다. (B) 담배 잎의 형질전환. 아그로박테리아를 키운 현탁액을 주사기 안에 넣은 다음 잎 위에 대고 압력으로 현탁액이 스며 들어가게 한다.

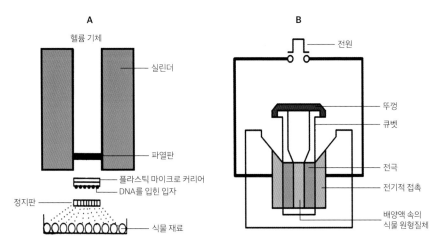

그림 Ⅲ-5 식물 형질전환 방법 Ⅱ. 식물세포 속으로 DNA를 직접 주입한다. (A) 유전자 총을 이용한 형질전환. 식물의 조직이나 캘러스를 재료로 이용한다. 금속 파편(금이나 텅스텐)을 관심 있는 유전자를 가진 DNA로 입히고 유전자 총 실린더에 넣은 다음 약 75기압의 헬륨 가스로 파열판을 파괴시킨다. 이때 DNA를 입힌 금속이 퍼지면서 식물세포 안으로 들어간다. (B) 전기천공 방법을 이용한 형질전환. [그림 Ⅲ-4B]에서 본 식물세포 현탁액과 DNA를 전기천공 큐벳 안에 넣고 전기충격을 줄 수 있는 기계(electroporator) 안에 장치하여 약 1,000볼트의 전기를 순간적으로 준다. DNA가 순간적으로 세포 안에 들어간다. 유전자 총을 이용한 형질전환과 전기천공 방법을 이용한 형질전환 이후, 세포를 항생제가 들어 있는 배지 위에 깔고 생존하는 캘러스를 조직배양하여 성체를 만든다.

재조합된 유전자(벡터)를 아그로박테리아에 넣고[그림Ⅲ-3] 식물 속에 적절한 방법으로 관심 있는 유전자를 집어넣으면[그림Ⅲ-4와 Ⅲ-5] 형질전환이 된 식물을 얻을 수 있다. 벡터 안에는 항생제 저항성 유전자를 넣어서 항생제를 처리한 배지에 식물을 키울 때 형질전환에 성공한 식물만이 살아남게 하여 선별한다.

식물 분자유전학 발전에 크게 기여한 것은 조직배양이다[그림Ⅲ-6]. 이 방법은 미생물의 배양처럼 대량으로 배양하여 수확할 수 있기 때문에 단백질 재료가 많이 들어가는 실험을 할 때, 필요한 단백질이나 생산물을 얻고 싶을 때 사용한다. 그림 Ⅲ-5A에 있는 캘러스를 옥신과 시토키닌의 비율을 적당히 맞춘 배지에서 배양하면 완전한 성체를 얻을 수 있다[그림Ⅲ-6 참고]. 이렇게 할 수 있는 이유는 식물세포가 전능성을 갖고 있기 때문인데 동물에서는 할 수 없는 일이다. 실험을 위한 동물세포의 배양은 암세포의 일종인 헬라HeLa세포를 이용한다. 전능성을

그림 III-6 조직배양과 식물 원형질체 (A) 캘러스(callus, 복수는 calli). 식물의 성장 조직 파편을 적절한 식물호르몬이 들어 있는 배지 위에 두고 어두운 방에서 배양하면 생긴다. (B) 배양액 속에 있는 식물세포 현탁액(cell suspension culture). 캘러스에서 세포를 조금 떼어내 배양액에 접종하여 흔들어주면서 어두운 방에서 배양하면 현탁액이 된다. 시간이 지나면 포화가 되어 세포들이 노화하므로 일정한 시간을 두고 배양액을 새 것으로 간다. 이 과정을 계대배양(subculture)이라고 한다. (C) 원형질체(protoplast). 캘러스나 식물세포 현탁액에 세포벽을 분해하는 효소를 처리하고 일정 시간 배양하면 세포벽이 제거된 원형질체를 얻을 수 있다. 이 과정에서 삼투압을 맞춰주는 것이 중요하다.

볼 수 있는 동물세포는 배아줄기세포embryonic stem cell밖에 없다. 그러나 배아줄기세포를 가지고 시험관 안에서 배양하여 성체로 만드는 것은 현재까지는 불가능하다.

이런 GMO를 만드는 기술을 이용하여 과학자들은 비타민 A를 많이 만드는 황금쌀, 나방의 유충을 죽여 피해를 막을 수 있는 Bt 옥수수, 제초제에 저항성이 높은 작물을 만들었다. 위에 언급한 GMO들은 인간을 위해 만든 것이지만 문제가 없는 것은 아니다. Bt 옥수수는 특정한 나방의 유충만을 죽이지 않는다는 보고가 나와 생태계에 영향을 줄 것이라는 우려가 제기되었고, 제초제에 저항성이 높은 작물의 경우는 해마다 저항성을 획득한 잡초가 나타나 처리해야 할 제초제의 농도가 짙어지면서 인체나 물고기에 해를 줄 수 있다는 지적이 일었다.

최근에는 '유전자 가위'라는 별명을 가진 크리스퍼-카스9CRISPR-CAS9를 이용해서 유전자 자체를 변하게 만들기 때문에 GMO에 대한 우려를 안 해도 된다고 말하고 있다.

유전공학이란 무엇일까

농업이 시작된 이래로 사람들에게 식량을 제공하는 것은 육지와 과수원에 식물을 집중시킴으로써 이용 가능한 땅을 최대한 활용하는 것을 의미했다. 이것은 수확을 더 쉽게 만들었을 뿐만 아니라 씨(곡물) 및 과일 생산에서 특히 중요한 생식주기의 성공적인 완성을 보장하면서 같은 종의 식물들 간에 더 나은 교차수분을 촉진했다.

때로는 작물들 안에서 다른 개체가 나타난다. 복잡한 생식 과정에서 어떤 일이 생겨 하나 이상의 돌연변이가 일어나는 것이다. 실제로 돌연변이는 항상 발생하지만, 대부분의 돌연변이는 눈에 띄는 효과가 없다. 생존과 생식에 이익이 되지 않거나 해로운 돌연변이를 갖는 개체 대부분은 도태되기 때문이다. 하지만 생존하는 소수의 돌연변이 식물은 친척보다 환경의 변화에 더 강하고 더 잘 생존할 수 있어서 진화를 주도하는 자연선택이 일어날 수 있다. 돌연변이가 작물에서 발생한다면 그것은 인간에게 더 유익할 수 있으며, 나아가 무기한 복제가 된다면 대량생산을 위해 우선적으로 선택될 것이다. 그러나 돌연변이는 예측이 어렵고 우리에게 식량 원천을 제공한다는 약속을 할 수 없음을 명심해야 한다.

새로운 품종을 생산하기 위한 보다 효율적인 방법은 밀접한 관련 종끼리 교배하는 것이다. 자연적으로 생산된 잡종은 양쪽 부모의 혼합된 특성을 가지고 있다. 이런 방식으로 더 나은 식량이 나온다고 믿기에는 자연 돌연변이는 너무 무작위하게 일어난다. 더 잘 통제된 혼성화 방법은 꽃가루 및 난자 생성 식물 모두에서 바람직한 형질을 가진 자손을 생산하기 위한 목적으로 사람이 인위적으로 교배하는 것이다. 그럼에도 불구하고 교차 번식은 여전히 느리게 이루어지고, 성공하거나 실패할 수 있으며 노동 집약적인 방법이다. 수분 후 과일과 씨앗

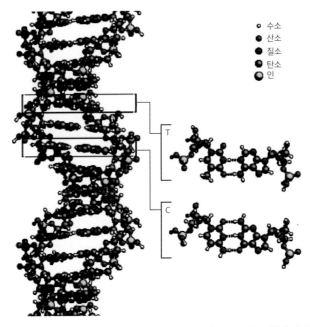

그림 Ⅲ-7 DNA의 구조. DNA는 이중나선으로 되어 있고 양 DNA 가닥은 염기쌍 형성 법칙에 따라 서로 상보적이다.

은 성숙해야 하고, 씨앗은 거두어서 심어야 하며, 식물은 미래의 사용 가능성을 결정하기 위해 숙성할 때까지 키워야 한다. 수천 개의 교배한 식물 중에서 단지 작은 부분만이 시험에 합격한다. 물론 이 방법은 우리를 잘 지원해왔고, 많은 곡물의 원천이 되며, 매년 새로운 품종의 정원 식물을 이용할 수 있게 하였다. 더욱 바람직한 특성을 가진 식물을 얻는 가장 직접적인 방법은 이러한 특성을 제어하는 유전자를 직접 개체에 전달하는 것으로서 교차 번식의 불확실성을 피하는 것이다.

식물과 동물 모두에서 유전은 아데닌A, 티민T, 구아닌G 및 사이토신C과 같은 네 가지 단위의 염기로 이루어진 서열 형태로 DNA 분자에 있는 유전암호에 의해 결정된다[그림 Ⅲ-7]. 이 염기들은 무한한 수의 조합으로 긴 사슬로 배열되며,

각각은 유전자의 궁극적인 발현을 결정한다. 예를 들어 AGTCGTTAGATCA로 시작하는 유전자 서열은 GCCTATGACTGA로 시작하는 유전자 서열과는 매우 다른 표현을 한다. 개체를 규정하는 모든 특성은 이 방법으로 프로그래밍되고 부모로부터 물려받는다. 많은 식물 게놈의 유전자 서열이 규명되어 과학자들은 DNA를 직접 옮겨서 식물의 영양가를 높이거나, 가뭄에 내성을 갖거나, 질병을 일으키지 않도록 만들 수 있다.

유전공학이란 유전자를 합성 또는 변형하여 인간에게 이로운 산물을 얻어내거나 식물을 스트레스에 대해 저항성을 갖게 하는 공학이다. 따라서 식물 유전공학은 인간과 식물 모두를 상생시키는 기술이라고 말할 수 있다.

마치며

식물을 왜 배워야 하는가

권위 있는 학회장에서 실험을 하기 위한 모델 시스템을 토론하는 가운데 어느 유명한 학자가 기가 막힌 질문을 했다.

"우리는 도대체 식물로부터 무엇을 배웠습니까?"

주위를 둘러보면 이 학자처럼 일반인들은 물론이고 연구비를 지원하는 기관 관계자들, 다른 과학자들도 그 질문에 대한 답을 심각하게 고민하지 않는다는 것을 알 수 있다. 인간은 동물이기 때문에 그리고 동물을 연구하는 것은 의학과 관련이 많기 때문에 동물 연구를 식물 연구보다 우위에 둔다는 것이 현실이다.

우리가 먹는 거의 모든 음식은 직접적으로나 간접적으로 식물로부터 온다. 먹고 싶은 채소를 가게에서 쉽게 살 수 있다 보니 다들 식물의 중요성을 공기의 중요성만큼 덜 느끼는 것 같다. 그러나 식물은 생태계에서 생산자이고 우리한테 산소를 제공하는 생명체로서 없어서는 안 되는 존재이다. 따라서 우리는 식물을 어떻게 하면 잘 기르고 보존할 수 있는지를 알아야 한다. 이상적이지 않은 토양이나 환경에서 어떻게 하면 수확량을 늘릴 수 있는지, 또 어떻게 하면 무기 비료와 살충제를 쓰지 않고 키울 수 있는지 알고 싶다면 식물에 관해 알아야 하는 것이다.

현재 대기 중 이산화탄소 양의 증가로 온난화 현상이 일어나 지구의 기후가 변하고 있다. 옛날에 제주도에서만 재배하던 열대성 파인애플은 지금 한반도 내륙에 상륙해 있다. 이런 가운데 지구의 인구는 계속 증가하여 녹색혁명 이후 다시 식량문제를 걱정해야 하는 단계에 와 있다. 그러니 일반 사람들이 과학자들처럼 해결책을 직접 찾지 않더라도 식물의 중요성을 깨닫고 보존하는 것이 중요하다.

먹는 것뿐만이 아니다. 우리가 사용하는 많은 생필품이 식물에서 나온다. 옷, 종이, 가구, 연료, 커피, 와인 등이 그런 것들이다. 더구나 식물에서 생약을 연구하면 부작용이 덜한 약을 써서 많은 병을 고칠 수 있다. 현재 식물의 모델 시스템으로 사용하고 있는 애기장대라는 식물은 인간 보건에 도움이 되는 연구 결과를 많이 내놓고 있다. 식물의 피토크롬의 가역성을 이용하여 광光 유전학에 적용할 수 있다.

최근 유전자 가위가 개발되어 거의 모든 생명체에 이용할 수 있게 되었다. 지금까지는 유전자변형생물체GMO라는 이름으로 많은 사람들이 형질전환이 된 식물을 배격해왔다. 하지만 형질전환이 된 식물이 인체에 현저히 해를 준다는 과학적 근거가 없을 뿐 아니라 유전자 가위를 이용하면 '유전자편집생명체'로서의 형질전환 식물에 대해 혐오감을 나타낼 필요가 없다. 따라서 인간의 좀 더 나은 생활을 위해서 식물을 알아야 한다.

우리가 동물의 생태와 행동에 관심을 갖듯 식물의 생태와 행동을 이해하는 것은 지구인으로서 그리고 문명화된 인간으로서 마땅히 가져야 할 자세일 것이다. 이렇게 거창하게 이야기하지 않아도 아파트 테라스에서 동양란의 꽃을 피우고 잘 가꾸려면 동양란에 대한 생리부터 알아야 하지 않을까? 식물은 인간에게 아름다움과 기쁨을 주는 존재이니 말이다.

이 방대한 양의 식물생리학 관련 지식을 대중의 눈높이로 정리해서 쓰는 동안 일종의 성취감과 위안을 얻었다. 식물학을 전공하고 대학 강단에서 식물을 가르치는 입장에서 일반 독자들을 위해 식물학의 한 부분을 소개할 수 있어서이다. 식물에 관련된 분야는 용어부터가 동물 분야와 비교하면 훨씬 더 낯설기 때문에, 그리고 동물에 관한 지식보다 접할 기회가 훨씬 적기 때문에 사람들이 대체로 어려워한다. 너무 쉽지 않게(일반 독자들을 대상으로 한 식물학 책은 거의 초등학생 수준에 맞춰 쓴 것이 많은 것 같다), 그렇다고 생화학이나 화학을 강조하여 접근도 못 하도록 만들지 않게 책을 쓰려고 노력했다. 이 책을 통해 식물에 관심이 있는 일반 독자들이 식물을 더 잘 알고 이해하게 된다면 나로서는 보람을 느낄 일이다.

돈암동 서재에서

찾아보기

참고 문헌

닐 캠벨 외 지음, 김명원 외 옮김. 『생명과학: 개념과 현상의 이해(9판)』 라이프 사이언스, 2018

이경준 지음. 『수목생리학(3판)』 서울대학교출판부, 2018

이진범 외 지음. 『식물생리학(2판)』 라이프 사이언스, 2016

피터 스콧 지음, 김명원 옮김. 『식물생리학: 식물의 삶과 행동』 라이프 사이언스, 2012

JB Reece 외 지음, 전상학 옮김. 『캠벨 생명과학(10판)』 바이오 사이언스, 2016

Lincoln Taiz·Eduardo Zeiger 지음, 전방욱·김성룡 옮김. 『식물 생리와 발달(6판)』 라이프 사이언스, 2017

Bruce Alberts et al. 『The Molecular Biology of THE CELL(6th Ed)』 Garland Science, 2014

그림 출처

그림 2-5 (B, C), 그림 7-30 Grbic 제공

그림 2-10 Zephyris/ commons.wikimedia.org (CC BY-SA 3.0)

그림 2-19 Kelvinsong/ commons.wikimedia.org (CC BY-SA 3.0)

그림 3-7 (E) Wu et al. (2007) Plant Cell 19: 1826-1837

그림 5-11 Hoffman et al. (1999) Plant-Microbe and Plant-Insect Interactions. 119: 935-949

그림 5-12 Bishop and Konc (2002) Plant Cell 14: S9-S110

그림 5-13 Tim Haye, Universität Kiel, Germany Bugwood.org; R.J. Reynolds Tobacco Company Slide Set 제공

그림 7-13 (A) Christopher Meloche 제공 (B) Robert Reisman 제공

그림 7-16 Charles Darwin (1880) The Power of Movement in Plants 그림 139

그림 7-40 Richard Amasino 제공

그림 8-10 Chen et al. 2012;7(5):e37654(Open-I 제공)

그림 9-1 (A) Forest & Kim Starr/ commons.wikimedia.org (CC BY-SA 3.0) (C) Harry Rose from South West Rocks, Australia/ commons.wikimedia.org (CC BY-SA 2.0) (D) matsue-hana.com 제공

그림 9-2 (가운데) Averater/ commons.wikimedia.org (CC BY-SA 3.0) (오른쪽) Dornenwolf/ commons.wikimedia.org (CC BY-SA 2.0)

그림 9-5 Theoddmanjack/ commons.wikimedia.org (CC BY-SA 3.0)

그림 9-6 DanieliusKa/ commons.wikimedia.org (CC BY-SA 4.0)

그림 9-10 Christian Fischer/ commons.wikimedia.org (CC BY-SA 3.0)

그림 9-11 Kuebi=Armin Kübelbeck/ commons.wikimedia.org (CC BY-SA 3.0)

그림 9-12 Ton Rulkens from Mozambique/ commons.wikimedia.org (CC BY-SA 2.0)

그림 9-17 Natasha de Vere & Col Ford/ flickr.com

그림 9-18 Patti Neumann/ commons.wikimedia.org (CC BY-SA 3.0)